欲望的博弈

如何用正念摆脱上瘾

[美] 贾德森·布鲁尔 著 闫佳 译
Judson Brewer

机械工业出版社
CHINA MACHINE PRESS

图书在版编目（CIP）数据

欲望的博弈：如何用正念摆脱上瘾/（美）贾德森·布鲁尔（Judson Brewer）著；闫佳译．—北京：机械工业出版社，2019.4（2025.7 重印）

书名原文：The Craving Mind: From Cigarettes to Smartphones to Love-Why We Get Hooked and How We Can Break Bad Habits

ISBN 978-7-111-62370-0

I. 欲… II. ① 贾… ② 闫… III. 病态心理学 IV. B846

中国版本图书馆 CIP 数据核字（2019）第 056584 号

北京市版权局著作权合同登记　图字：01-2019-0268 号。

Judson Brewer. The Craving Mind: From Cigarettes to Smartphones to Love-Why We Get Hooked and How We Can Break Bad Habits.

Copyright © 2017 Yale University Press.

Simplified Chinese Translation Copyright © 2019 by China Machine Press.

Simplified Chinese translation rights arranged with Yale University Press through Bardon-Chinese Media Agency. This edition is authorized for sale in the Chinese mainland (excluding Hong Kong SAR, Macao SAR and Taiwan).

No part of this book may be reproduced or transmitted in any form or by any means, electronic or mechanical, including photocopying, recording or any information storage and retrieval system, without permission, in writing, from the publisher.

All rights reserved.

本书中文简体字版由 Yale University Press 通过 Bardon-Chinese Media Agency 授权机械工业出版社在中国大陆地区（不包括香港、澳门特别行政区及台湾地区）独家出版发行。未经出版者书面许可，不得以任何方式抄袭、复制或节录本书中的任何部分。

欲望的博弈：如何用正念摆脱上瘾

出版发行：机械工业出版社（北京市西城区百万庄大街22号　邮政编码：100037）

责任编辑：王钦福　　王　戬

责任校对：张惠兰

印　　刷：保定市中画美凯印刷有限公司

版　　次：2025年7月第1版第8次印刷

开　　本：147mm×210mm　1/32

印　　张：8.125

书　　号：ISBN 978-7-111-62370-0

定　　价：49.00 元

客服电话：(010) 88361066　68326294

版权所有·侵权必究
封底无防伪标均为盗版

THE CRAVING MIND

目录

推荐序
前　言
导　言

第一部分 | **多巴胺冲击**

　　第 1 章　直接上瘾 / 018
　　第 2 章　技术上瘾 / 045
　　第 3 章　对自己上瘾 / 062
　　第 4 章　分心上瘾 / 084
　　第 5 章　思考上瘾 / 101
　　第 6 章　对爱上瘾 / 127

第二部分 | **遇见多巴胺**

　　第 7 章　全神贯注为什么这么难，这是真的吗 / 144
　　第 8 章　学习刻薄和友善 / 160
　　第 9 章　心流 / 175
　　第 10 章　训练韧性 / 192

后记 / 211
附录 / 223
参考文献 / 230

THE
CRAVING
MIND
推荐序

欲念之心

乔恩·卡巴金（Jon Kabat-Zinn）

  虽然人们通常意识不到，也并不理解，但有一点事实无可争议：在我们每个人的脑袋里，拱起的天灵盖之下，那大约1400克重（大约相当于体重2%）的东西（也就是人类的大脑），是人类已知的宇宙中最为复杂的物质组织。大脑赋予人类相当了不起的能力。只要你训练自己的眼睛和心灵去观察，生而为人的奇迹随处可见。人的所有痛苦与苦难，都伴随着人类的境况而出现，是人因为忽视了真我而给自己、给他人带来的，而大脑，却超越了这一切。由于渴求那些我们自以为必须要拥有才能保持个人完整、自在、真正安宁的东西（哪怕是片刻也好，一天或者一个小时都行），我们很容易陷入痛苦、坏习惯，甚至抑郁。讽刺的是，一直以来，我们都忽视了事实：我们明明本就完整，可却强迫症般地欲求完整，这反而令自己成了幻觉的奴隶。不知怎么回事，我们会暂时忘记，永远记不住，甚或为之深感痛苦：没有大量的支持，没有方法，没有一条重归完整和美丽的道路，我们是无法实现最终完整的。在作者的妥善安排和熟练指导下，本书提供了这样一条道路。你现在正站在道路的起点，这里是着手展开冒险的绝佳之地：你将重归全方位的自我，顶着欲求之心带来的破坏性上瘾，学会体现自己的完整性。

就在不久之前，就连科学家也无法完全理解大脑的复杂结构、网络功能、神秘的可塑性，以及作为多维自组织学习矩阵的多功能性。它是数十亿年进化带来的结果，而且在当今时代，从生物学和文化意义上来看，人脑仍在持续进化。如今，随着神经科学和技术的最新发展，我们得以敬畏地赞美大脑的结构和它看似无限的能力及功能，还有它完全神秘的知觉性质。考虑到这一点，针对这一突现其能力与潜力的真正神秘性质，要识别出遗传的整个范围，它意味着什么（也即，到底什么是更充分的觉醒、更充分的意识、更充分的体现、更充分的连接，从禁锢我们的不健康习惯中获得自由，简而言之，怎样才能成为更完整、更真实的自我），我们就必须努力理解人类遗传的庞杂性质，以及我们在生与死这相对短暂的时间段里所要面对的挑战。

想一想看，你自己的大脑里包含了大约 860 亿个名叫"神经元"（它可谓是你能想得出来的最大奇迹）的神经细胞（来自最近的测量），其中数百万神经元扩展进入人体内的每一个部分，我们的眼耳口鼻、舌头、皮肤，还通过脊髓和自主神经系统，进入身体的几乎所有位置和器官。[1]大脑的这860亿个神经元，还有不少名为神经胶质细胞的伙伴细胞，后者的功能尚不清楚，但据信至少有部分是为了支持神经元，维持其健康与快乐的（不过，人们怀疑神经胶质细胞的作用远远不止于此）。在大脑的不同区域，如皮层[2]、中脑、小脑、脑干，以及各种"核"（包括丘脑、下丘脑、海马、杏仁核等独特结构），神经元本身通过多种高度特异性和专门化的方式组织成大脑回路，参与、整合了大脑的诸多功能。这些功能包括运动和移动，接近和回避行为，学习和记忆，情绪和认知及其持续调节，对外部世界的感知，通过皮层不同部位的多个身体"映射"来感知身体，"解读"他人的情绪和思维状态，对他人的共情和同情，以及前述知觉的所有方面，也就是我们身为人类的本质——意识本身。

这860亿个神经元，每一个都有大约10 000个突触，故此，大脑的神经元之间有着数以万亿计的突触连接，这是一套近乎无限且持续改变着的网络，可适应不断变化的环境与复杂性，尤其是通过学习，能优化我们的生存概率，改善个人与集体的福祉。这些大脑回路不断自我改造，履行我们做什么、不做什么、遇到什么、选择怎样与之建立关联的功能。大脑的连接性，似乎被塑造出了以下功能，也即，我们追求些什么、扮演些什么、认可些什么、体现些什么，并得到强化。

我们的习惯、举动、行为和想法，驱动、加强并最终巩固了大脑中所谓的"功能连接性"，它把大脑不同的部分挂上钩，建立重要的连接，以促成从前不可能做到的事情。这就是学习要实现的目标。事实证明，如果你采用本书中介绍的正念修习法，以一种极为特殊的方式对它给予关注，它会出现得非常快。或者如果我们不去关注那些不如人意或招人厌恶的事情，这种缺失就会加深思想中由欲求以及生活中大大小小各种瘾头造成的习惯性冲动，从而导致无尽的被动反应和受苦。就这方面而言，人人都面临着相当高的风险。

大部分的这种受苦与脱节，都来自一种似乎有所缺失的感觉，其实我们什么也不缺，我们有着毋庸置疑的神奇天赋，在整个生命周期中都具备无穷的学习、成长、疗愈和转型的潜力。该怎么去理解这种情形呢？为什么我们感到如此空虚，不断需要即刻而直接地满足自己的欲求？追根究底，我们欲求的到底是什么呢？我们为什么欲求它呢？再往下追问的话，到底是谁在欲求？谁拥有你的大脑？谁在负责？结果是谁在受苦？谁有望拨乱反正？

这本引人入胜的作品，正面探讨、回答了这些问题，它的作者是贾德森·布鲁尔（Judson Brewer），马萨诸塞大学医学院医学卫生保健及社会正念治疗中心神经科学实验室的主任。贾德森是精神病学家，在精神科学领域有着多年的临床执业经验，他对各种全面上瘾以及上瘾最终导致的下游失调、疾病、疼痛与痛苦都有着深刻的洞见。这些问题全都来自欲求的精神状态。身而为人，我们多多少少都具备一点这种倾向。如果它对我们恰巧适合，我们就会无视它；如果并不适合，我们会感觉无力应对。我们似乎触及不到，甚至根本无法识别出自己内在的主体和转型潜力。

除了在主流成瘾精神病学领域的职业发展，多年来，贾德森还是一位高度投入的正念冥想践行者，他认真修习经典佛教教义、传统及源头，因为这是正念冥想练习赖以为本的基础。你很快就会看到，早在西方心理学有所认识的数千年以前，佛教心理学就细致入微地对欲求做了详尽的描绘，认为它在苦难和不幸的起源里扮演了关键的角色。

贾德森在临床和实验室工作中所做的是，把这两个思维知识领域（尤其是两者对上瘾倾向的认识）结合起来，使之互为促进，并向我们展示简单的正念练习为什么具备释放瞬间和长期欲求的潜力，从而把我们从各种欲求中解放出来。尤其是有一种欲求，意在守护人极为有限的自我感，最终变得弊大于利，让你漏掉关键点：渴求某样东西的"你"，只是更庞大的"你"的极小一部分。这个更庞大的"你"，知道欲求的源头，知道它正以不幸的方式推动着你的行为，还知道上瘾模式所带来的长期可悲后果。

站在西方心理学的角度，我们听说过斯金纳的操作条件反射理论，以及根据它搭建起来的理解人类行为的解释框架。这种视角，在某些情况下固然有用，但也存在种种问题和严重的局限性。它在导向上是行为主义的，对认知过程毫不重视，也完全不关注觉知本身。而且，它跟公认强大的解释性概念"奖励"绑定得太紧了。一般而言，"奖励"概念忽视了，甚至直接否定了主体、认知和无私等同样强大而又神秘的概念。这些人类能力，超越并排除了斯金纳及其他人经典动物研究中所理解的奖励概念。一些体验（比如知道自己是谁，或者至少带着开放的心态去调查该领域所带来的欣然快慰感），可能会产生深刻的内心满足，这跟典型斯金纳式以外部为导向的条件反射奖励范式截然相对。

为了跳出行为主义操作性条件反射视角所存在的局限性，贾德森为我们引入了佛教框架。千百年来，正念作为一种禅定训练和练习，在亚洲文化下发展、繁荣。它有着系统性的练习方法（以佛教基本教义"缘起"框架为基础），学习怎样将自己从个人欲念的主宰甚或是专制之下解放出来，但既重要而又颇为矛盾的是，首先培养与个人欲念的亲密关系。而这一切，取决于我们一次又一次地认识到：我们被多么紧密地束缚在自己看似无尽的自我参照当中，我们能不能单纯地意识到它却不对自己苛刻评判；并且，在欲求腾起的瞬间，我们能不能不再盲目地做出反应，而是培养起另一些更有意识的选择加以应对。

这里，自我参照是一个关键环节。近期的研究表明，如果人要什么都不做（躺在fMRI扫描仪里，测量其大脑活动），他们会默认切入思绪漫游状态，大部分的漫游想法均采用了持续不断的自我叙述形式，也即"我的故事"：我的未来、我的过去、我的成功、我的失败，等等。大脑扫描看到的情形是，皮层有一大块中线区域点亮了，这表明神经活动显著增加,哪怕研究人员要你在扫描仪里什么都不做。这个区域名为"默认模式网络"(default mode network,DMN),原因是一目了然的。有时候,它也叫作"叙事网络",因为当我们让思绪做它该做的事情时,它的大部分就陷入了自我叙述,除非经过一定的正念训练,否则这是我们对自己意识常常完全察觉不到的一面。

多伦多大学的研究表明[3],为期8周的正念训练(正念减压疗法,Mindfulness-Based Stress Reduction,MBSR)可以使叙事网络的活动减少,当前瞬间觉知相关的皮层外侧网络活动(它令人的体验跳出了时间,完全不进行任何叙事)增加。该研究的工作人员将这一神经回路称为"体验网络"(experiential network)。这些发现,与贾德森用冥想对默认模式网络进行的开拓性研究高度一致。他的研究对象,既有刚接触冥想的新人,也有经过多年密集冥想实践与训练的人。

贾德森和同事们开发了新的神经科学技术和方法,把西方心理学和传统冥想视角带进了实验室,考察人在冥想过程中,大脑里究竟发生了些什么。正如你所见,在特定环境下进行冥想,尤其是当受试者放弃了抵达任何地方、促成任何事情发生的尝试,只关注当下时,默认模式网络下名为后扣带皮层的区域似乎会安静下来(电活动减少)。此时,他们便将直接的视觉反馈和洞察力引导到大脑每个瞬间正在发生的事情上,从而达到实验目的。

正念有着互为作用的两个方面,它既是一种正规的禅修实践，也是一种生活方式。也就是说，它既有着工具性的层面，也有着非工具性的层面。工具层面包括，学习冥想实践，体验它带来的益处（贾德森将之称为"奖励"）。这跟人展开任何持续学习过程时发生的情形差不多（比如驾驶汽车，演奏乐器），通过不断的练习，我们会越来越擅长相关任务。就冥想而言，我们愈发擅长身在当下，觉察自己的意识打算干什么，尤其是当意识陷入种种或微妙或明显的欲求当中的时候。接下来，我们兴许还将学会怎样不那么轻易地陷入此类精神能量和习惯模式。

非工具层面是对正念实践工具层面的真正补充，对正念的修炼，以及从欲求相关心态、想法和情绪中获得自由而言绝对必要。与此同时，它又是一种"无我"（也即传统意义上的"你"或者"我"），既身在当下，却又无处可去、无事可做、无须达到具体的状态，这很难理解、很难讲述，这也是为什么"心流"在本书中扮演了相当重要的角色。

正念的这两个层面是同时成立的。没错，你需要练习，但如果你太努力，或是太想要达到某个理想的终点，获得伴随而来的奖励，那么，你就只是把欲求转向了一个新的目的、目标或执念上，这样，正念就成了一种新的、升级修订版的"我的故事"。工具和非工具层面之间的这种张力，根植于真正地消灭欲求[4]，以及对欲求习惯赖以为基础的自我的"错误"感知。贾德森对冥想实践过程中后扣带皮层神经活动变化的实时神经反馈研究，鲜明地揭示了受试者执着于达成某种效果时后扣带皮层中发生了些什么，他们因为自己的所作所为感到兴奋时后扣带皮层中又发生了些什么，从而生动地阐释了人无欲无为无我，以求完全身在当下、情绪宁静这种状态带给大脑的强大作用。这些研究对我们理解不同的冥想实践，正式或非正式冥想实践中可能出现的各种心理状态，它们与觉知本身这一庞大、思想自由、开放性的空灵状态存在什么样的潜在关系，做出了巨大贡献。

  本书浅显流畅地介绍了相关的研究，让复杂的科学变得容易理解，它为我们提供了一个全新的视角，去理解学习，以及怎样打破心智习惯。打破心智习惯，不靠暴力、不靠意志力、不靠贪图短暂易逝的奖励，而是靠真正地置身存在之域，置身纯粹的觉知空间，发现我们称之为"当下"这个永恒瞬间里蕴含着多么大的能量。诚如梭罗在《瓦尔登湖》中的详尽所知所叙，除了当下，别处找不到清醒的存在与平静。除了学习怎样栖息于觉知，对"自己的"觉知已经出现，"你"已经拥有达到"知"同时又"不知"的境界，你并不需要做什么。栖身在觉知的空间，习惯将烟消云散。不过，有些讽刺的是，这种"无为"不是件容易做到的小事。它是一场终生的探索，需要付出巨大的努力（也即，为了"不努力"所付出的努力，要知其"不知"），尤其是，当人处在"自我"的过程里，受根深蒂固的习惯所限，往往意识不到"我的故事"在产生。

  如前所述，西方对上瘾的观点，一部分来源于操作条件反射之父斯金纳的研究。在这方面，贾德森引用了斯金纳的小说《瓦尔登湖第二》（*Walden Two*），以及斯金纳对当今互联互通数字世界下社会工程极具先见之明的前瞻。好在本书用一种与原版《瓦尔登湖》有着颇多相同看法的超然智慧视角，平衡了高度行为主义的斯金纳式上瘾视角。贾德森并未直接引用梭罗，而是描述了心流体验现象，以及心流体验相关的生理心理，并将之指向了"不二论"这一佛教教义的核心：无我、空性、无取、无执、无欲。T. S. 艾略特（T. S. Eliot）在他的著名代表性诗篇《四个四重奏》（*Four Quartets*）中，带着超然的诗意，清晰、优雅地看到并表达了对这些领域的见解，贾德森对这首诗也做了诸多的引用。

你将会了解到，人的欲求习惯，似乎就是我们大大小小这么多痛苦的根源。数字技术令人上瘾，生活节奏又越来越快，我们可能的确会受欲求推动，分心他顾。好消息是，一旦我们自己清清楚楚地知道了这一点，就可以用很多方法来从这种痛苦中获得解脱，过上更满意、更健康、更道德、更与众不同也真正具备生产力的生活。

贾德森用高明、友好、亲切、幽默又博学的文笔，带我们走完了这一程。而且，为顺应时代，他和同事们开发了十分成熟的智能手机应用程序（他在本书中也做了介绍），支持你的正念练习，尤其适合戒烟、改变饮食习惯等活动。

投身本书介绍的实践，利用它们改变你的生活，现在就是最佳时机。我们总是试图填补想象出来的不满与欲求的深渊，因为它们感觉起来是如此的真切；然而，产生更强烈的欲求，并屈从于可带来暂时缓解的东西，这样的循环往复，始终无法让我们满足。各种各样的力量令人错失当下的圆满与美好，让个人的完整性大打折扣，本书便是要将你从这些羁绊的力量里解放出来。如果你陷入了幻觉（我们所有人时不时地都会碰到这种情况，贾德森在书中也提到了自己的一次重大亲身经历），而且未能有所认识（一如他的坦然回顾），或迟或早，你终将意识到，你总是有机会清醒过来，承认欲求及上瘾囚禁效应给人带来的代价，然后从头来过。

愿这条你即将踏上的正念小径，引领你一步步接近自己的内心与真实，从欲念的长久钳制下重获自由。

乔恩·卡巴金

畅销书作家、冥想导师

注释

1. James Randerson, "How Many Neurons Make a Human Brain?" *Guardian*, February 28, 2012, https://www.theguardian.com/science/blog/2012/feb/28/how-many-neurons-human-brain; Bradley Voytek, "Are There Really as Many Neurons in the Human Brain as Stars in the Milky Way?" Scitable, May 20, 2013, www.nature.com/scitable/blog/brain-metrics/are_there_really_as_many.

2. 在我拟定本文期间，《自然》期刊上刚报道说，大脑皮层里，除了此前已知的82个可识别的不同部位，又确认了从前从未得到辨识的97个不同区域。

3. Norman A. S. Farb, Zindel V. Segal, Helen Mayberg, et al., "Attending to the Present: Mindfulness Meditation Reveals Distinct Neural Modes of Self-Reference," *Social Cognitive and Affective Neuroscience* 2, no. 4 (2007): 313-22. doi:10.1093/scan/nsm030.

4. 在佛教最初所用的语言巴利语中，"涅槃"的字面意思就是"熄灭"，一如火被扑灭。

前言

THE CRAVING MIND

我大四的时候,肠胃开始出"问题"了。腹胀、抽筋、放屁和频繁排便,让我不断地往就近的厕所跑。我甚至改变了惯常的跑步路线,以便当"自然召唤"我时迅速冲进厕所。我自作聪明地认为,从症状来看,这个问题是蓝氏贾第鞭毛虫(一种寄生虫)引起的细菌感染。我认为这合乎逻辑:大学时代,我到处背包徒步,而贾第虫病的一个常见致病原因是饮用水净化不当,露营时很可能这样。

我去学生保健中心看医生,和他分享了我自己的诊断。他避而不答,问:"你压力大吗?"我记得自己好像这样回答:"不可能!我跑步,饮食健康,还在管弦乐队里演奏。我不可能压力大呀,我做这些健康的事情就是为了避免压力太大!"他笑了,给我开了治疗贾第虫病的抗生素,可我的症状并无好转。

直到后来,我才知道,自己表现出的是肠易激综合征(irritable bowel syndrome, IBS)的典型症状,这是一种确诊为"有机(也就是生理)成因未知"的症状。换句话说,我的身体疾病,是由我的脑袋引起的。如果我当时听说"脑袋对头了,人就没事了"这样的建议,恐怕会心生反感,但起家庭生活事件改变了我的看法。

我未来的嫂子正烦恼地规划一场双喜临门的大事——新年除夕聚会兼她的婚宴。第二天，蜜月一开始，她就生了重病（绝不是因为喝了太多香槟酒）。这让我猜想，身心一体这种事大概真的存在。尽管在今天，这种推理已经基本上得到了接受，可在几十年前，它却属于双手合十诵经念咒搞灵修那类人的领域。我才不是这样的人呢。我是主修有机化学的，研究生命分子的，绝非新世纪的印度神油贩子。婚礼结束后，我对这个简单的问题着了迷：为什么人有压力时会生病？

如此一来，我的人生道路发生了改变。

带着这个问题，我升入了医学院。从普林斯顿大学毕业后，我在圣路易斯的华盛顿大学开始了一个医学博士和文理博士兼修的项目。这类项目是医学与科学相融合的好办法，把医生们每天都看到的实际问题带入实验室尽心搞研究，并给出改善护理的方法。我打算弄清压力对我们的免疫系统产生着怎样的影响，为什么会导致我嫂子在大喜日子之后生病那一类的状况。我加入了路易斯·穆格利亚（Louis Muglia）的实验室，他是内分泌学和神经科学方面的专家。由于对弄清压力怎样让人生病有着同等的热情，我们很快就变得很投契。我开始工作，操纵小鼠应激激素的基因表达，观察它们的免疫系统会发生些什么。我们（连同许多其他科学家）发现了许多令人着迷的事情。

即便如此，我进入医学院时压力仍然很大。除了肠易激综合征（还好它有所改善），我人生里头一次遭遇了睡眠障碍。为什么呢？就在就读医学院之前，我跟未婚妻分手了，她是我大学时代的恋人，交往了好几年，我甚至已经安排了一些跟她的长期人生计划。分手可不在计划之内。

所以，我即将开始人生的一个重要新阶段，单身，而且失眠。说来也巧，乔恩·卡巴金的《多舛的生命》⊖落入了我的怀抱。书名里的"多舛"两个字让我感同身受，于是，进入医学院的第一天，我就开始冥想。整整20年之后的现在，回首当时，我与这本书的相遇是我人生中最重要的一件事。阅读《多舛的生命》改变了我的整个人生轨迹：我要做什么，我是什么样的人，我想要成为什么样的人。

我当时是个"一不做二不休"的人，就像对待生活里其他事情那样，我怀着同样的热情投入了冥想训练。我每天早晨都冥想。我在无聊的医学院讲座里冥想。我开始参加冥想静修活动。我找了冥想老师一同学习。我开始发现自己的压力来自哪里，我自找的成分有多少。我开始在经典佛教教义和现代科学发现之间寻找联系。我逐渐瞥见了自己的思维怎样运作。

8年后，我完成了医学博士和文理博士课程，选择受训做个精神科医生，我倒不是因为贪图薪水（精神科医生是所有医师里薪水最低的），也不是为了追求名声（在好莱坞电影里，精神科医生不是没用的骗子就是居心不良摆布他人的家伙），而是因为我从古代及当代行为心理模型（尤其是

⊖ 该书中文版已由机械工业出版社出版。

"上瘾")里看到了清晰的联系。精神病学修读到一半，我把研究重点从分子生物学和免疫学转到了正念：它怎样影响大脑，它怎样帮忙改善精神状况。

过去20年，我做了许多有趣的个人、临床和科学探索。前10年里，我从来没有想过在临床或科学上应用正念实践。我单纯地练习，再练习。后来，这些个人探索，为我从事精神科医生和科学家的工作打下了关键的基础。接受精神病学训练期间，我所学的知识概念和我从正念实践里所得的体验，这两者之间的联系自然流动了起来。我看到了秉持正念对病患护理的清晰影响。碰到在医院值夜班睡眠严重不足时，我可以清楚地看出，自己很容易对同事发脾气，而正念实践却能拦住我这么做。当我真正在场为患者提供诊疗时，正念让我不会急着做出诊断结论或假设，同时还帮我培养起更深层的人际关系。

此外，我的个人和临床观察，让我沉迷于科学的那部分思维。给予关注是怎么帮我改变根深蒂固的习惯的？它怎么帮助我与患者建立联系？我开始设计基本的科学和临床研究，探索我们秉持正念时大脑里发生了些什么，怎样转化这些见解，改善患者的生活。根据这些结果，我得以为如今正在开发的循证训练（如戒烟、减压、克制情绪化进食）提供优化治疗和传播工具。

科学实验、与患者临床接触的观察，和我自己的思想逐渐汇聚在一起，帮助我更清晰地去理解世界。人们进行研究和在诊所里的行为，甚至我自己的思维如何运作，原本看起来都像是随机的,如今却更加有序、更好预测了。意识到这一点以后,我逐渐抵达了科学发现的核心:根据一系列的规则或假设,重现观察结果,最终预测结果。

我的工作汇聚成一条相对简单的原则,它以曾帮助我们祖先生存的进化保守性学习过程为基础。从某种意义上说,这种学习过程是(自然)选择来对极宽泛的行为(包括白日梦、分心、压力和上瘾)进行强化的。

随着这一原则在我思维里凝固成形,我的科学预测得到了改善,我更容易跟患者产生共情,帮助他们了。而且,我还变得更专注,压力更少,更投入地参与周遭世界。当我开始向患者、学生和公众分享部分见解时,他们这样说:这些基本的心理学及神经生物学原理之间的联系,他们没理解,也不知道怎样应用到自己身上。一次又一次地,他们告诉我,这种学习方式(通过正念,退后一步,观察自己的行为)让世界变得更好理解了。他们开始用不同的方式感受世界。他们学着做出可持续的行为改变。他们的生活有所改善。而且,他们还希望我把所有这些都写下来,好让他们理解万事万物怎样契合在一起,从而继续学习。

本书把当前及新兴的科学知识应用到了日常和临床实例之中。它列举了大量案例,旨在解释现代文化(包括技术)怎样扭曲、劫持这种对进化有益的学习过程;并以帮助我们理解人类各种行为(从容易为手机分心等琐碎小事,到陷入爱河等有意义的体验)的起源为整体目标。在医学上，诊断是第一步也是最关键的一步。基于这一理念，再配合我从专业和个人实践中学到的东西，我概述了若干简单而实用的方法，锁定这些核心机制，好让我们将之应用到日常生活当中，戒掉上瘾的习惯，减轻压力，过更为充实的生活。

导　言

物种起源

　　如果我是你的老板，你对我说，我的脑子简直跟海参没什么两样，我会因为你侮辱我而炒掉你，还是会因你证明了自己真正理解人类怎样思考和行为而把你提拔成营销部门的头头？

　　如果我说，不管你对人类的形成秉持什么样的信仰，有一件事得到了一次次的验证，那就是人类的学习方式的确非常像海参（海参只有两万个神经元），你怎么想？倘若我再进一步说，我们的学习模式甚至类似原生动物这样的单细胞生物，你又会怎么想呢？

　　我的意思是说，单细胞生物具有简单的二元生存机制：冲向营养，远离毒素。事实证明，海参拥有目前已知最基本的一种神经系统，利用同一套二选一的方法来留下记忆。2000年，埃里克·坎德尔因为这一发现获得诺贝尔生理学或医学奖。那么，我们是怎么样的呢？

　　倒不是说可以把我们人类简化成海参。然而，有没有可能，我们并未完全摆脱祖先进化的影响，我们的的确确从"低级"生物体继承了许多行为取向呢？我们的一些（或者说很多）行为能不能归因于"接近富有吸引力或令人愉悦的东西，躲避讨厌或不快的东西"这一深植的模式呢？如果是这样，这一类知识能否帮助我们改变个人日常习惯模式，比如单纯的怪癖，或是根深蒂固的瘾头呢？说不定，我们还能找到一种自己与他人建立关联的新方式，超越上述的生物本能。

上钩

一旦迷上手机里最新的电子游戏，或是自己最喜欢的冰激凌口味，人就进入了目前科学已知进化上最为保守的一种学习过程，这一学习过程，存在于无数物种身上，可追溯到人所知最为基本的神经系统。基本上，这种基于奖励的学习过程是这样的：我们看见某种看起来还挺不错的食物。我们的大脑说，卡路里，生存的必需品！我们就把食物吃了。我们品尝它，它味道好（尤其是在吃糖的时候），身体向大脑发出信号：记住你吃的东西，记住你是从哪儿找到它的。我们根据经验和地点（术语叫作"情境依赖记忆"）保留这一记忆，学会下一次重复此过程：看到食物，吃掉食物，感觉不错，重复。触发因素，行为，奖励。很简单，对吧？

过了一会儿，我们富有创造力的大脑说：嘿！你不光可以用它来记住食物在哪里。碰到下一次你感觉不好，何不吃点好吃的，让自己感觉好起来呢？我们感谢大脑冒出的这个好主意,并且很快学习到,如果在生气或悲伤的时候吃冰激凌或巧克力,真的会感到好很多。这是相同的学习过程,但使用了不同的触发因素:不是来自胃部的饥饿信号,而是情绪信号(感觉不好)触发了吃的冲动。

又或者,我们在青春期的时候,看到叛逆的孩子在学校外抽烟,样子很酷,我们想,嘿,我也想要那样,于是我们开始抽烟。看到酷,抽烟酷,感觉好,重复。触发因素,行为,奖励。每当我们执行该行为,都会强化大脑的这一通路,它说:棒极了,再来一次。于是我们照做,它变成了习惯。习惯形成循环。

后来,感觉压力太大,触发了吃甜食或抽烟的冲动。依靠相同的大脑机制,我们从学习生存,过渡到了用这些习惯"自杀"——字面意义,不折不扣。肥胖和吸烟是全世界疾病、死亡的头号可预防原因。

我们是怎么被这团乱麻给缠住的?

从海参到西伯利亚雪橇犬

19世纪晚期,一位名叫爱德华·桑代克(Edward Thorndike)的绅士发表了对这种"触发因素—行为—奖励"习惯循环的最早描述。[1]他懊恼于一种十分奇怪的现象(这类故事简直无穷无尽):迷路的狗,总能一次次地找到回家的路。桑代克认为,通常的解释缺乏科学严谨性,便着手研究动物怎样学习的细节。他在一篇题为《动物智力》

(*Animal Intelligence*)的文章中向同事们表示质疑:"大部分这些书并未向我们解释动物的心理,而是对它们唱赞歌。"他断言,当时的科学家"只看到聪明和反常,却忽视了愚蠢和正常"。他说的"正常",指的是日常生活中可以观察到的正常习得联想(不光见于狗,也见于人类)。比如,早晨听到前廊上轻微的玻璃碰撞声,就联想到了当天送牛奶来的工人。

为着手填补这一空白,桑代克把狗、猫和小鸡(小鸡似乎不大成功)关在各种笼子里,不给它们东西吃。笼子里装有不同类型的简单逃生机制,例如"拉绳子、压杠杆、站到平台上"。一旦笼子里的动物逃跑成功,就会得到食物。他记录动物怎样成功地逃脱,以及花了多长时间。接着,他一遍又一遍地重复该实验,记下各类动物学会将特定行为与逃脱、食物挂钩需要尝试多少次。桑代克说:"一旦联系完美建立,逃跑所需时间就几乎不会变,而且非常短。"

桑代克表明,动物可以学习简单的行为(拉动一条绳子)来获得奖励(食物)。他琢磨出了奖励式学习!有必要指出,他的方法弱化了观察者的影响,以及其他可能混淆实验的因素。他总结说:"故此,一名研究员所做的工作,另一名研究员应该可以重复、验证或修正。"这就把该领域从描写出人意料的故事(神奇的小狗做了某件事),带到了我们怎样训练所有的狗(或者猫、鸟和大象)做甲事、乙事或丙事。

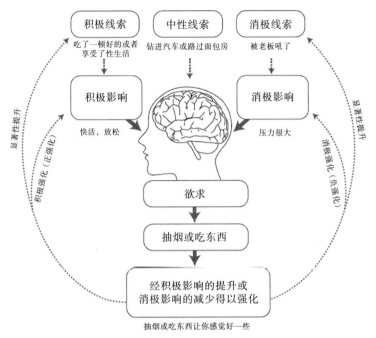

奖励式学习。Copyright © Judson Brewer, 2014.

21世纪中期,斯金纳对鸽子和老鼠做了一系列实验,精心测量了动物对单一条件变化(如室内颜色的变化,这种环境日后称为"斯金纳箱")的反应,巩固了上述观察。[2] 比方说,只要给一只动物在黑色小屋里喂食,在白色小屋里施加小幅电击,就可以轻松地训练它偏好前者多于后者。他和其他科学家扩大了这些研究结果,表明动物接受训练执行某一行为,不光是为了获取奖励,也是为了避免惩罚。这些接近和回避行为很快就得名为正强化和负强化,日后又成为操作性条件反射(奖励式学习的另一个"科学"味更浓的名字）这一更大概念的一部分。

凭借这些见解，斯金纳引入了一个简单的解释模型，不仅可以重复，还能有力地解释大量行为：我们接近之前跟愉悦之事（奖励）关联的行为，避免之前跟不愉悦之事（惩罚）关联的刺激。他将奖励式学习从角落推到了聚光灯下。这些概念，正负强化（奖励式学习），如今已进入了世界各地大学基础心理学的课程范围。这是一项突破。

斯金纳常被誉为奖励式学习（操作性条件反射）之父，他相信，除了简单的生存机制之外，人类的大部分行为都可以用这个过程来解释。事实上，1948 年，斯金纳以梭罗的名作《瓦尔登湖》为原型，写了一本名为《瓦尔登湖第二》的小说，描写了一个乌托邦社会，一步步地运用奖励式学习来训练人们和睦相处。这部小说属于哲学小说范畴，书中有个名叫弗雷泽（Frazier，明显是斯金纳的代言人）的主角，使用苏格拉底式的方法，教育一小队来拜访的游客，试图说服他们，人类天生的奖励式学习能力可以有效地用于促进繁荣，克服愚蠢。

小说中，这个虚构社群的公民从出生开始就用"行为科学"（奖励式学习）来塑造行为。例如，幼儿学到合作带来的奖励多过竞争，因此，一旦出现二选一的情况，他们会条件反射般习惯性地选择前者。如此一来，整个社群都经条件性操作，为了个人和社会的福祉，采用更高效、更和谐的行为，因为人人都存在千丝万缕的联系。《瓦尔登湖第二》考察社会和谐条件的途径之一，是科学地调查社会规范和主观偏差（也即奖励式学习建立起来的个人条件反射）。

让我们暂停一下，对主观偏差稍作解释，因为这是本书的关键一环。简而言之，一种行为重复得越多，我们就越是学会以一种特定的方式看待世界，也即基于从前行为带来的奖惩，通过一个存在偏差的镜头来看待世界。我们形成了一种习惯，这就是习惯性观看镜头。举个简单的例子：如果我们吃巧克力，它很好吃，那么，以后要是碰到机会在巧克力和其他我们不怎么喜欢的甜食里做出选择，我们恐怕就会倾向于巧克力。我们学会了戴上"巧克力很好"的眼镜；我们养成了对巧克力的偏爱，这种偏爱是主观的，因为它是我们的味觉所独有的。按同样的道理，我们可能会偏爱冰激凌，而不是巧克力，依此类推。随着时间的推移，我们越发习惯戴一组特定的眼镜，越来越多地认同特定的世界观，简直忘了自己是戴着眼镜的。它们成了我们的延伸，也即习惯。由于主观偏差源于我们的核心奖励式学习过程，它远远超出了食物偏好的范畴。

举例来说，20世纪30年代长大的许多美国人都知道，属于女人的位置是家庭。他们很可能是全职妈妈抚养长大的，如果他们发问，为什么是妈妈在家、爸爸上班，甚至会遭到呵斥和"教育"（"宝贝儿，你爸爸要赚钱供我们吃饭呀"），接受负面强化。随着时间的推移，我们的观点形成了习惯，对自己下意识的"膝跳"反射毫不怀疑：属于女人的位置当然是家庭!"膝跳"一词来自医学:医生用小锤敲打连接膝盖和小腿的肌腱,她(如果你看到"她"的时候愣了一下,或许暗示你存在"医生应该是男性"这一主观偏差)是在测试只在脊髓层面(从不进入)上传递的神经环。它只需要三个细胞来完成回路(一个感知到小锤的敲击,向脊髓发送信号;一个对脊髓里的信号进行中继;一个将信号传递到肌肉,让它收缩)。类似地,在生活的大多数时候,我们盲目且反射性地做出符合自己主观偏差的反应,忽视了自己和环境的变化已不再支持习惯行为,这会带来麻烦。如果我们能够理解主观偏差怎样形成和运作,就可能学会优化它的效用,尽量减少它招致的损害。

例如,《瓦尔登湖第二》里的社群调查了女性除了既定的家庭主妇或小学教师工作,是否还能履行其他的工作角色(请记住,他的这本书写于1948年)。跳出了"女性在社会上扮演 x 和 y 角色"的主观偏差之后,人们发现,女性完全有能力执行与男性相同的工作,故此应该加入劳动力大军(同时也让男性承担更多的育儿任务)。

斯金纳认为,行为工程有助于防止社会变得主观偏差太强,进而导致社会结构功能失调,或政治太过刻板。如果奖励式学习不加控制,少数关键岗位上的人用它们来操纵群众,这类社会内部失调显然也会出现。随着我们阅读本书,我们会看到,斯金纳的想法是否太过牵强,它们能多大限度地扩展到人类行为上。

正如《瓦尔登湖第二》的哲学发问,不管我们是销售代表、科学家还是股票经纪人,到底有没有一种方法,可用来消除或至少减少一部分影响我们行为的主观偏差呢?理解了人的偏见怎样塑造又怎样强化,能否改善我们的个人和社交生活,甚至帮助我们克服上瘾呢?一旦我们走出固有的海参习惯模式,会显现出什么样的能力和生存之道呢?

我创办耶鲁治疗神经科学诊所时,第一项临床研究是确定正念训练是否有助于人们戒烟。如今,我承认自己当时颇为焦虑。不是我认为正念不管用,而是担心自己的信誉。你看,是这样:我从来不抽烟。

我们在康涅狄格州的纽黑文地区派发火柴盒,为诊所招募研究参与者。火柴盒上写着:"无须药物,即可戒烟。"烟民们参加第一轮小组会议时,在椅子里坐立不安,不知道自己将碰到些什么。这是一项随机单盲研究,也就是说,他们只知道自己会得到某种治疗,但不知道具体是什么样的治疗。此时,我会介绍怎样叫他们给予关注,帮助戒烟。我的介绍常常会引发奇怪的表情,给人们招来新一轮的烦恼。一定会有人打断我,问:"布鲁尔医生,那个……您抽烟吗?"他们尝试了其他所有的戒烟法门,如今居然跑来听一个耶鲁来的白人书呆子胡说八道(这家伙显然没法解决他们的问题),可想而知是走投无路了。

我会回答说,"没有,我从没抽过烟,但我有其他各种上瘾。"他们的眼睛令绝望地四处打量,寻找出口。我努力宽慰他们:"如果今天晚上这轮活动之后你们还觉得没效果，请告诉我。"接着，我会走到白板前面（挡住出口，让他们无路可逃），带他们疏理吸烟的习惯是怎样建立并得以强化的。因为我曾对付过自己的成瘾习惯，也从斯金纳那里了解到许多经验，我能够列举出各种上瘾（包括吸烟）的常见因素。

写板书只需要 5 分钟，但到了最后，他们全都会点头附和。人们的烦躁逐渐平息下来。他们终于明白，我真的知道他们在跟什么做斗争。多年来，"您抽烟吗"这个问题经常出现，但参与者从未怀疑过我能否理解他们的苦恼。因为我们对上瘾感同身受。这只是一个"发现模式"的问题。

事实证明，除了抽烟，烟民跟其他人没有什么不同。这就是说，我们所有人都使用同样的基本大脑过程来形成习惯：学习早晨梳洗打扮，检查推特更新，抽烟。这是个喜忧参半的消息。忧的是，我们中任何人都有可能养成整天过度查收电子邮件或 Facebook 账户的习惯，降低自己的生产力（减少个人幸福感）。喜的是，如果我们能够从核心去理解这些过程，就能学会放弃坏习惯，培养好习惯。

理解潜在的心理和神经生物学机制，或许有助于让上述再学习过程变成一桩比我们想象中更简单（但不见得会更容易）的任务。我的实验室发现了正念（以特定的方式关注自己的瞬时体验）怎样帮助我们对付自己的坏习惯，这些发现为怎么做到上面一点提供了一些线索。还有一些线索来自参加了我们为期8周的正念减压课程（马萨诸塞州大学医学院正念中心举办）的20 000多名学员。

给予关注是怎样帮上忙的

还记得吃巧克力或抽烟的例子吗？我们会建立起各种习得性关联，它们无助于解决人承受压力或感觉不大好时渴求感觉更好的核心问题。我们并不去追究问题的根源，而是强化过去条件反射所助长的主观偏差："哎呀，我就是想要更多的巧克力，吃完我就会感觉好些。"最终，等尝试完所有东西（包括吃过量的巧克力），我们会变得消沉。死马当成活马医只会让事情变得更糟糕。我们焦躁迷惘，不知道该看哪个方向，该转到哪个方向。人们从医生、家人或朋友处听说，或是了解到压力和上瘾基础科学的一些东西，然后来到我的诊所上课。

来参加我们正念减压课程的许多学员，对付的是这样那样的急性或慢性健康问题，但总的来说，他们都患有某一类型的疾病。他们的生活里有些事不太对劲，他们正在寻找应对之道。他们往往尝试了各种做法，却没能找到东西弥补问题。一如上面巧克力的例子，有些东西短时间有效，可叫人懊恼的是，过上一阵，它的效力就消失了，或者完全不管用了。为什么这些临时补救的法子只能暂时对付一阵呢？

如果我们通过奖励式学习的简单原则来强化习惯，但改变习惯的努力却让事情变得更糟糕了，那么，从我们最初的假设开始审视问题或许是个好的入口。停止和重新审视为缓解困境而建立的主观偏差和习惯，有助于我们理解哪些事情会叫人更颓唐，更迷失。

正念怎样帮我们找到自己的路呢？在大学学习野外徒步时，要求不能使用智能手机等定位技术，在荒野里度过几个星期，而我学会的第一项也是最关键的一项技能便是阅读地图。重要的是，如果我们不知道怎样定位，那么地图就毫无用处。换句话说，只有我们把地图跟指南针相配合，判断出北方是哪一边，才能使用地图。给地图定了位，地标也就一一就绪，变得有了意义。直到这时，我们才能在野外导航。

同样道理，如果我们一直抱着"这不太对劲"的不安情绪，没有指南针帮助我们定位它到底来自何方，那么，这种脱节就会导致相当大的压力。有时候，不安以及对成因缺乏意识，严重时会让人产生青年或中年危机。我们跌跌撞撞，采用极端的手段来摆脱挫折和不安感，跟秘书或助理离家出走就是典型的反应（一个月之后，当我们从兴奋中清醒过来，会忍不住感叹自己到底做了些什么）。那么，要是我们并不尝试撼动它、击败它，反而加入它，那会怎么样呢？换句话说，把压力或不安的感觉当作指南针如何呢？目标不是寻找更多的压力（所有人都有一大堆压力），而是把现存的压力作为导航工具。压力究竟是什么感觉，它跟兴奋等其他情绪有什么不同？如果我们能够清楚地判断出自己是朝向"南"(压力)还是朝向"北"(远离压力),就可以用它来指导生活了。

正念的定义有很多。最常为人引用的,或许是乔恩·卡巴金在各地正念减压课堂传授的操作性定义(也写进了他《多舛的生命》一书):"因为有意识地关注当下而产生的非判断性觉知。"³ 斯蒂芬·巴彻勒(Stephen Batchelor)最近写道,这一定义指出了"学习怎样稳定注意力、栖息在非反应性觉知的清醒空间"的"人类能力"。⁴ 换句话说,正念就是更清楚地看待世界。如果我们因为自己的主观偏差而迷失,不停地兜圈子,那么,正念能让我们意识到这些偏差,看出自己是怎么走向歧途的。只要我们看到自己在原地打转,哪儿也没去成,就可以停下来,扔掉不必要的包袱,重新对自己定位。用个比喻的说法,正念就是帮助我们在生活疆域里导航的地图。

非判断性或非反应性觉知,是什么意思呢?本书中,我们会首先解释奖励式学习怎样带来主观偏差,这种偏差怎样扭曲人对世界的看法,使得我们无法看清现象本质,直接做出习惯性反应(也即根据先前的反应,顺着自动驾驶仪,驶向"营养",避开毒素)。我们还将探索这种带有偏差的观点为什么会引发更多的混乱,以及"这感觉太糟糕了,我得做点什么"的反应,为什么会让问题变得更加复杂。人要是在森林里迷了路,开始感到恐慌,本能就会让人更快速地移动。而这样做,自然会叫人迷路迷得更厉害。

如果我在野外旅行时迷路了，导师会让我停下来，深吸一口气，拿出地图和指南针。只有做了重新定位，并获得了清晰的方向感，我才应该开始再次移动。这有违我的直觉，但这真的能救命。同样，我们要把"看得清楚"和"非反应性"这两个概念放到一起，了解哪些做法有可能加剧不安，以及怎样导航才能摆脱这种局面，更有技巧性地进行处理。

此前的10年，我的实验室收集了来自"正常"（姑且不管它是什么意思）个人、患者（多伴随上瘾）、参加正念中心减压课程的学员，以及冥想新人和资深人士的数据。我们研究了各种各样的上瘾、不同类型的冥想和冥想人士（包括基督教的"归心祈祷"和禅宗），以及提供正念训练的各种方式。不管是通过古代佛教的正念视角，还是更现代的操作性条件反射的视角（或两者相结合），我们所得的结果都跟这一理论框架相吻合，并支持了这一框架。

我们参考古代和现代科学之间的相似之处，探讨正念怎样帮助我们看清自己的习得性联想、主观偏差和由此产生的反应。一如巴彻勒所说："关键是，对于能影响你生活质量的行为，要获得能实现改变的实践知识；反过来说，理论知识，对你一天天地怎样在这世上生活，可能没什么作用。放开以自我为中心的反应，人便逐渐带着充满关爱、善意、同情、无私的喜悦和平静的意识，栖居在整个世界里。"[5]这听上去似乎好得不像是真的，但如今，我们有了充分的数据可提供支持。

我们将探讨正念怎样帮助我们解读并进而借助压力指南针,在迷路的时候(不管是反应性地冲着伴侣吼叫,为了排解无聊习惯性地观看网络视频,还是沾染毒瘾后跌到人生低谷)找到正路。我们可以从像海参那样被动地做出反应,过渡到像个完完全全的人那样做事。

THE
CRAVING
MIND

1

第一部分
多巴胺冲击

CHAPTER 1

第 1 章
直接上瘾

> 如果我们抓挠伤口，并沉溺于此，伤口就不会愈合。但反过来说，碰到伤口发痒发痛的时候，我们不去抓挠它，就是在帮助伤口愈合。故此，不向瘾头屈服，就是一个非常基本层面上的痊愈。
>
> ——女僧丘卓（Pema Chödrön）

> 靠着观察，你可以注意到很多东西。
>
> ——美国著名棒球选手尤吉·贝拉（Yogi Berra）

在耶鲁大学医学院担任助教期间，我的部分职责是到康涅狄格州纽黑文退伍军人管理局医院担任门诊的精神病专科医师，我在那里干了5年。我发现，正念和改善患者的生活之间有着非常明确的关联，便专攻成瘾精神病学。虽说在此之前，我想都没想过这个领域。我的办公室位于员工停车场后面的一处"临时"建筑，不知什么原因，它很久以前就改成了永久性设施。和医院里所有的附属建筑一样，它只有一个号码，叫作"36号楼"。

看了《离开拉斯维加斯》和《梦之安魂曲》等好莱坞电影，人们往往以为，瘾君子喝醉酒或者磕了药之后，会表现出自毁行为，要不就是参与犯罪，寻找毒资。总要有点夸张的剧情才能卖出电影票嘛。我的绝大多数患者跟这些刻板印象并不吻合。他们虽有自己的战场故事，但这些故事也都跟寻常人一样：因为这样那样的原因吸毒上瘾，之后拼命地想要改变习惯，以便建立稳定的家庭和人际关系，找到稳定的工作。上瘾是一种非常消耗人的痴迷。

接下去往下讲之前，不妨对上瘾做个定义。我在当住院医生培训期间，学到了兴许是最为直接的指导方针：上瘾就是哪怕存在不良后果仍持续使用。如果因为采用特定的某种物质或某一特定行为（不管是尼古丁、酒精、可卡因，还是赌博或者其他什么），事情出了岔子，我们却还是继续这么做——这就是上瘾，也是评估上瘾的基础。它把我们和身边人的生活搞得有多乱七八糟，则有助于判断上瘾的严重程度。按照这种方式，我们根据行为本身，以及对生活的影响程度，来看待上瘾。

我在老兵医院的许多患者，是受伤（因为战斗或其他事情）后才药物上瘾的。有时候，他们是在对付慢性身体疼痛，为了麻痹疼痛而对阿片类药物上瘾。还有时候，他们认为药物是一种逃避之道，可避免或麻木与创伤（或其他）相关的情绪痛苦。我的患者对我讲述自己上瘾的故事时，有一个共同的主题。他们就仿佛成了斯金纳实验里的一只老鼠，描述着自己经历的奖励式学习过程："我（对某一创伤事件）出现了闪回"（触发因素），"喝醉了酒"（行为），"比重新体验那件事要好多了"（奖励）。我脑袋里可以把他们的习惯循环排成队：触发因素，行为，奖励，重复。此外，他们把毒品视为"治疗"：喝醉或嗑药，可以防止（或避免）不快的记忆或感觉，或是事后不记得回忆是否出现过。

患者会和我一起开始工作，我询问他们最初上瘾是因为什么，维持上瘾的又是什么。为了获得治疗的希望，我必须要清楚地看到他们习惯的方方面面。我需要知道他们的触发因素是什么，上瘾的药物是什么，以及最重要的，从使用药物中所得到的奖励是什么。大多数患者并不是因为滥用药物给生活惹了大麻烦，或招来了什么可怕的后果才来看精神科医生的。他们来老兵医院，通常是因为家庭医生担心他们的身体健康，或是家人担心他们的心理健康（也可能是担心自己的安全）。如果患者和我弄不清他们从上瘾行为里获得了什么样的奖励，就很难改变这种习惯。上瘾搭乘的便车，是进化带来的不可抵挡的力量：每一种成瘾性药物，都劫持了多巴胺奖励系统。

对我的绝大多数患者来说，奖励来自不快之事的消失（消极强化）。几乎没人会说，连着磕了三天可卡因，每天烧掉几百美元，接下来的几天晕晕沉沉，这感觉棒极了！他们把自己的奖励式学习过程，描述为逃避某种局面、麻痹痛苦、掩盖不快局面，以及最常见的，屈从于欲望的一种途径。使劲挠那该死的痒痒。

我的许多患者，已经征服了一种或者多种其他的瘾头，却跑来找我帮他们戒烟。吸食可卡因、海洛因、酗酒或者使用其他毒品，使他们跌到了人生的谷底，他们的家庭、工作和健康问题最终超过了上瘾带来的奖励。上瘾的用处，没能拼过伴随抓挠而来的一大堆麻烦。到了这种时候，上瘾的消极强化终于超过了从前带来的奖励（安抚渴求）。他们坐在我的诊室，看着自己手里的香烟，明显摸不着头脑。"怎么搞的？"他们会问我，"我能独立戒掉那些厉害得多的毒品，却居然戒不掉烟瘾？"存在类似疑问的，不只有他们：在一项研究中，近 2/3 为酒精或其他药物上瘾寻求治疗的人报告说，戒烟比戒掉其他药物更难。[1]

这里，我要做个历史学上的脚注：第一次世界大战期间，军方会给士兵们发放香烟，以鼓舞士气，帮助他们从心理上摆脱现状。到了第二次世界大战，士兵们每顿饭都配有 4 支香烟，作为口粮的一部分。这种做法一直持续到了 1975 年。如果我想让人吸烟上瘾，我一定会这么做。战争给人带来天大的压力（触发因素），我肯定会确保人能轻易抽上烟（行为），让他们感觉更好。等到了战争结束，上瘾已经占据了优势，回忆、闪回，甚至日常的普通压力，会一再地把它们召唤回来。

跟其他上瘾物质相比，尼古丁在吸引、维持对我们的吸引力上，具有几点优势。我的患者戒烟困难，它们兴许出了些力。

第一，尼古丁是一种兴奋剂，它不会麻木我们的日常认知能力。我们可以抽着烟开车，也可以抽着烟操作重型机械。

第二，只要我们乐意，我们可以全天吸烟。早晨刚起床，我们可以抽烟（此时我们体内的尼古丁水平最低，烟瘾发作）。上班路上，我们可以抽烟。工间休息，或者老板冲着我们吼叫的时候，我们可以抽烟。诸如此类。一个每天抽一包烟的人，单单一天里就能强化自己的习惯20次。

第三，我们不会因为上班吸烟遭到解雇。醉醺醺地，或者磕了药嗨着去上班，可就完全是另一回事了。溜号去吸烟，有可能对我们的生产效率稍有削减，但我们损害的只是自己的个人健康，而且决定权在我们手里（理论而言）。

第四，虽然吸烟眼下是美国可预防发病和致死的主要原因，但香烟不会很快害死我们。要是随时都酗酒嗑药，我们会更快地丢掉饭碗，搞砸人际关系。没错，烟民的口气很难闻，但吃点口香糖、薄荷糖也能掩盖过去。其余所有伴随吸烟而来的变化，都缓慢得叫人注意不到。只有过上几十年或者更长时间，我们才逐渐开始遭遇这种习惯带来的重大医学问题，比如肺气肿或癌症等。奖励式学习的要旨在于立竿见影的强化，既然人很久以后才出现患癌症的可能性，我们的长期规划思维根本抵挡不了眼前的诱惑。说到底，我们兴许还根本不会得癌症呢。

第五，我们身体里将尼古丁输送到血液的最小血管——毛细血管，这些毛细血管纷繁复杂且数量众多。把它们铺平排成行，能覆盖整个网球场那么大的面积，甚至更大。有这么大的表面积，它们能迅速让尼古丁进入血液。尼古丁越快进入血液，大脑释放多巴胺也就越快，我们就越感到上瘾。肺部快速传递大量吸入物质的能力，也是吸食霹雳可卡因（crack cocaine，又称快客可卡因、快克古柯碱，是像香烟那样抽的）比嗅吸可卡因（直接用鼻子嗅入）成瘾性更强的原因。鼻子的毛细血管水平跟肺没法比。考虑到所有这些因素，在我的患者当中，许多人征服了其他恶魔，却没法改掉吸烟的习惯，这也就不足为奇了。

这里有个简短的案例研究。杰克走进我的诊室说，要是他不吸烟，就感觉脑袋要爆炸似的。他抽烟抽了一辈子，戒不了。他试过尼古丁口香糖和戒烟贴片。他试过想抽烟的时候吃糖而不是把烟点燃。可什么做法都不管用。我看过一些研究，知道药物充其量能让大约1/3的患者把烟戒掉。研究告诉我，这些药物并不能缓解诱发因素带来的渴求。药物发挥作用，主要靠的是两种机制：要么，提供稳定的尼古丁，从而让多巴胺供应稳定；要么，阻断尼古丁附着的受体，让人抽烟时不释放多巴胺。这些机制有道理：理想的药物应该是一种能迅速让多巴胺喷射的东西，可只有在我们意识到具体的触发因素是什么时才成。我们在个性化治疗上，尚未达到这样的水平。

站在我诊室的门口，杰克看起来真的已经山穷水尽了，仿佛他的脑袋马上就快要爆炸。我该说些什么，做些什么才好呢？我先讲了个笑话。考虑到我从前讲笑话的惨状，这或许不是个特别好的主意，但当时那些话就那么莫名其妙地脱口而出。"等你的脑袋真的炸了，"我磕磕巴巴地说，"把碎片收拾好，拼回去，给我来个电话。我们会把它记录下来，作为烟瘾发作导致脑袋爆炸的头号案例。"他礼貌地笑了（至少，我的老兵患者都是挺和气的人，或许是因为过去的经历，他们心眼都挺大的）。接下来呢？我走到诊室墙上挂的白板前，领着杰克看罢习惯循环。我们并肩站在一起，绘制出导致吸烟的触发因素，以及他每回吸烟怎样强化上述过程。这时，他点点头，坐了下来。有进展。

我回到正题，探寻杰克不抽烟脑袋就要炸掉的感觉。我问他那是怎么回事。起初，他说："我不知道，反正脑袋就像是要爆炸。"我让他仔细说说这种感觉的细节。我们开始提炼他感到强烈渴求袭来时所有的想法和身体的感觉。这时，我在白板上画出一个大箭头，并把他的身体感觉绘制在上面。

我们从最底部的触发因素开始，随着他的渴求感愈发强烈明显，箭头方向一路攀升。箭头的尖端应该指向他的脑袋爆炸，但真的到了这个点，取而代之的是抽上一支烟。因为，每次到了那个点，他都克制不住地抽了烟。

于是我问他，有没有什么时候他到了这个点又没法抽烟的，比如在飞机或者公共汽车上。他回答这种情况是有的。"那发生了些什么呢？"我问。他沉吟了片刻，说了一句话："我猜它消失了。"

"我得确定一下我是不是真的理解了你的意思。"我说。

"你是说，如果你没吸烟，渴求反而自行消失了？"这有点像是我引导他朝着我想的方向说话，但我是真的希望弄个明白。为了继续下去，我们得翻到同一页书。他点点头。

我回到白板上画的箭头，在尖端（代表着他抽了一支烟）下面将线段水平延长，之后往下。整件事看起来像是一个倒"U"字（或是驼峰的样子），而不是一个指着固定方向（抽一支烟）的箭头。

"你的意思是这样吗？你被触发，你的渴求腾起，达到顶峰，接着跌落下去，消失？"我问。我能看出杰克脑袋里的"灯泡"亮起来。且慢，稍等。在情非得已的情况下，他不抽烟也能顶过去，只是他自己没意识到。他的渴求里有一些持续时间很短，另一些则较长，但总归都消失了。说不定，他最终还是能把烟戒掉的。

接下来的几分钟，我确信他真的理解了每次抽烟怎样强化了他的习惯。我教他简单地记下（大声地说出来，或是安静地默记）伴随渴求而来的每一种身体感觉。我们以冲浪来类比：患者的渴求就像是波浪，他能够把这一"注意法"作为冲浪板，帮助自己冲上浪头，驾驭它直至消失。他能够驾驭白板上倒"U"形的渴求浪头，察觉到它的累积、冲顶和下降。我解释说，每次他驾驭波浪，都是在停止强化抽烟的习惯。现在，他有了具体的工具（他的冲浪板），每当他渴求吸烟的时候都可以用起来。

冲上浪头

我教给杰克戒烟的方法，并非凭空而来。我开始在老兵医院工作时，已经有规律地冥想差不多12年了。而且，我在耶鲁大学医学院的住院医师培训过程中，就决定停止分子生物学研究，将方向转到全职的正念研究。为什么呢？虽说我已经在知名的期刊上发表了自己的研究生工作成果，将压力与免疫系统失调联系起来，部分工作成果还获得了专利，但我心里始终怀着问题："那又怎么样呢？"我的工作全都是在小鼠疾病模型里进行的。这些发现怎么才能直接为人类带去帮助呢？与此同时，我从个人生活里，真正看到了正念的益处。这种认识直接影响了我受训成为精神科医生的决定。我越来越多地看到，佛教教义跟我们用来更好地理解、治疗患者精神病学框架之间，存在着清晰的联系。我转向研究正念，在学术上进展得并不顺利，因为这一行对一切非药物形式出现的东西（甚至还带有一丝替代医学的气息）都秉持怀疑态度。我不怪他们。长久以来，精神病学都在进行着许多艰苦的战斗，正统性是其中之一。

2006年，也就是我到老兵医院工作之前几年，也是我接受精神病学住院医师培训期间，我进行了第一次试点研究，想看看正念训练能不能帮助瘾君子。[2] 华盛顿大学的阿伦·马拉特（Alan Marlatt）团队新近公布了一项研究，表明他设计的正念复发预防（Mindfulness-Based Relapse Prevention，MBRP；将正念减压疗法与复发预防项目结合起来）能够帮助人们免于再次上瘾。在他们的帮助下，我调整了为期8周的正念复发预防，好让它能在我们的门诊里使用：我把它分成了A和B两个阶段，每个阶段4星期，并可以按照顺序教导（A-B-A-B），这样一来，患者无须等待太久即可开始治疗。此外，进入第二个治疗阶段的患者，还可以为刚上路的患者充当榜样，指导他们。尽管这是一项规模极小的研究（我的统计师开玩笑地称它"棕色口袋研究"，因为我是用一个棕色的杂物袋把所有的数据交给她的），结果却令人鼓舞。我们发现，修正过的正念复发预防，跟认知行为疗法（CBT）有着同样的效果，能帮助人们不再重蹈酗酒或使用可卡因的覆辙。从广义上说，认知行为疗法是一种循证治疗，它训练人们跳出固有假设，改变思考模式（认知），以改善其感受和行为。例如，面对患有抑郁症或沾染毒瘾的病人，教会他们注意到有可能导致吸毒的自我消极信念，"抓住它，检查它，改变它"。如果他们有这样的想法，"我糟糕极了"，要学会检查这是不是真的，接着将它改变为某种更积极的东西。

我们还发现，患者做完治疗后接受压力反应测试（本例中，是把他们的故事录制下来，再让他们听回放）时，接受正念训练的人的反应，不如接受认知行为疗法的人那么强烈。正念似乎有助于患者应对实验室和现实生活里冒出来的回忆线索。

有了这些鼓舞人心的结果，我决定拿吸烟问题下手。如前所述，尼古丁上瘾是最难征服的一种瘾头。新近的研究发现，正念方法对慢性疼痛、抑郁和焦虑都有帮助。[3] 如果正念在这里也能发挥作用，那么，它便有可能帮助引导上瘾问题的行为治疗（目前甚为滞后），同时给予患者帮助。

在研究生院，我的一位导师曾对我笑着说："要么不做，要做就要做大些！"他的意思是说，如果我优柔寡断，不知道是该跳出自己的舒适地带冒险一试，还是采取保守做法，停留在舒适区，那么，我应该选择前者。"人生短暂"，我的脑袋里回荡着他的声音，我干脆删除了马拉特正念复发预防方法里所有预防复发的元素，并进而给我们的吸烟研究撰写了一本全新的手册，只包含正念训练。我想要看看，光靠正念行不行。再说了，如果它适用于一种最难戒断的瘾，那么，对其他上瘾患者进行正念训练，会让我感觉更有信心。

为准备进行吸烟研究，我做了长达两个小时的冥想，以闹钟响起来之前保持不动为目的。这听起来有点自己找虐的意思，但我是这么想的：尼古丁的半衰期大约是两个小时。不足为奇，大多数烟民两个小时会出去抽一根烟。他们的尼古丁水平走低，大脑敦促他们赶紧加满"油箱"。在戒烟期间，人们降低吸烟频率，这带来强烈的冲动，一切回到原点。我们想要帮助烟民们慢慢摆脱香烟，让他们不大可能产生生理渴求。（这类训练对线索触发的渴求没有效果。）等患者彻底戒烟，如果他们想要保持"不抽烟"状态，那么，不管怎样，他们都得抵挡住每一轮的渴求。我自己不抽烟，我得跟那些不抽烟就觉得脑袋快要爆炸的烟民感同身受才行。我不能摆出一副"我是医生，照我说的做"的样子。我必须让患者信任我。我必须得让他们相信，我知道自己在说什么。

于是，我试着静坐不动，长达两个小时。更正一下：我试着保持冥想姿势，盘腿而坐两个小时。令人吃惊的是，在这么长的时间里一动不动，折磨我的竟然并不是身体上的疼痛，而是躁动的感觉。我的大脑怂恿说："就稍微调整一下嘛，又不是什么大动作。"我的渴求在咆哮："站起来！"这下，我知道（至少是更好地理解了）患者正在经历些什么了。我知道脑袋好像要爆炸是什么感觉了。

我不记得我到底用了多少个月才最终实现静坐整整两个小时。我有时坐了 1 个小时又 45 分钟，最终站起了身。也有时，马上就到两个小时整了，可我就像落在"躁动"师傅手里的木偶一样，"嘭"地从坐垫里弹起来。我就是做不到。可有一天，我终于做到了。我静坐了整整两个小时，到了这时候，我知道自己能做到，我知道我能够切断不安的绳子了。此后的每一轮静坐都越来越简单，越来越容易，因为我有信心：我做得到。而且，我知道，自己的患者能戒烟，他们只是需要恰当的工具而已。

从渴求到戒断

最后，2008 年，我准备好了。和前言里说的一样，我创办耶鲁治疗神经科学诊所，发起了戒烟研究，试图解答一个简单明了的问题：正念训练是否跟现行最佳治疗方法，也即美国肺脏协会采用的"不吸烟"项目同等有效？我们招募烟民的方法是在周边地区派发火柴盒，上面印有宣传文字，说有个无须服药的免费戒烟项目。

报名参加研究的人，在治疗的第一天晚上来到我们的候诊室，从牛仔帽里抽纸条（我的研究助理很擅长做这类的事）。如果他们抽中了"1"，就会获得正念训练，如果抽中了"2"，就会接受美国肺脏协会的"不吸烟"项目。他们每星期要来治疗两次，连续4星期。到了月底，他们会朝一种看起来像是呼气酒精检测仪的东西里呼气，测定他们是否戒了烟。我们的监测仪测量的不是酒精，而是一氧化碳（CO）。一氧化碳是不充分燃烧带来的副产物，也是衡量是否吸烟的合理替代指标，因为人吸烟时，会有大量的一氧化碳进入血液。较之氧气，一氧化碳能跟红细胞里的血红蛋白更紧密地结合在一起，这就是为什么人坐在点火启动的封闭汽车里会窒息。吸烟的过程十分类似，只是更加缓慢。由于一氧化碳会滞留在血液里，在我们呼气之前缓慢地与红细胞脱离结合，因此它成了吸烟的合理标志。

此后两年，除了12月（对尝试戒烟的人来说，年底是出了名的不利时段）的每一个月，我都会教一群新招募来的人正念。在第一堂课，我教他们认识习惯循环，我们会把他们的触发因素绘制出来，解释每一支香烟怎样强化了他们的行为。当天晚上散会时，我会提醒他们，只需要注意触发因素，以及自己吸烟时有什么样的感受就行，大家回家后各自收集数据。

3天后的第二堂课，人们回来时会报告说，很多时候，他们是因为无聊才抽烟的。一位绅士在这短短的两天里就从抽 30 支烟减少到了抽 10 支，因为他意识到，他绝大多数时候抽烟，要么是出于习惯，要么就是把它视为补救其他问题的"解决办法"。比方说，他会为了掩盖咖啡的苦味而吸烟。有了这一简单的意识，他不再抽烟，转而刷牙。更有趣的是，我从参与者那里听说了吸烟时给予关注是什么样子的。许多人无法相信，他们的眼睛竟然一下睁开了，他们从未意识到，烟的味道是多么糟糕。我最喜欢的一条回答是这样："闻起来像是发臭的奶酪，口感则像是化学品。"

这位患者从认知上明白吸烟对自己不好。这也是她参加我们项目的原因。在吸烟时保持好奇心和关注，让她发现，烟的味道糟糕极了。这是一点重要的区别。她从"知"转向了"智"，从脑袋知道吸烟不好，过渡到了深入骨髓地知道吸烟不好。吸烟的魔咒被打破了，她开始发自内心地"瞧不上"⊖自己的行为，完全无须力量。

为什么我要在这里提到"力量"呢？在认知行为疗法和其他相关治疗里，认知是用来控制行为的（所以它才叫作"认知行为疗法"）。遗憾的是，大脑最擅长有意识规范行为的部位，也即前额叶皮层，在碰到压力时会最先下线。前额叶皮层一下线，我们就会恢复固有的习惯。我的患者所体验到的"瞧不上"之所以重要，原因就在于此。看到我们

⊖ 此处原文是"disenchanted"，多译为"祛魅"，但"祛魅"一词太正式了，不像是普通人戒烟时会用到的词汇，故此这里译为"瞧不上"，以下同。——译者注

从自身习惯中真正获得了些什么，有助于我们更深层次地理解习惯，深入骨髓地明白它，而不需要自我控制或力量来克制吸烟。

这种"觉知"，就是正念的根本：清楚地看到自己陷入行为之中会发生些什么，进而发自内心地"瞧不上"。随着时间的推移，我们学会愈发清晰地看到自己行为的结果，便放弃了旧有的习惯，形成新的习惯。吊诡的地方在于，正念仅仅是对自己身体和思想里发生的事情产生兴趣，靠近观察，与之亲近。正念就是这种接近自己体验的意愿，而不是努力想要放弃自己不快的渴求。

等我们的烟民们理解了抑有渴求没什么大不了的，甚至能投入渴求之后，我就教他们怎样冲浪。我采用了资深冥想导师米歇尔·麦克唐纳（Michelle McDonald）创造的一个缩写（塔拉·布拉赫（Tara Brach）也将它广为传授），在我自己的正念训练里，我发现它很有帮助。尤其是，当我陷入强迫性思维模式，或是冲着脑袋里的某个人不停地大喊大叫时，它最能帮上忙，这个缩写是"RAIN"。

- 识别 / 放松（recognize/relax）：识别出正在腾起的东西（如，你的渴求），放轻松。
- 接受 / 允许（accept/allow）：就让它在那儿。
- 探究（investigate）：探究身体的感觉、情绪和想法。（如，问："此时此刻，我的身体或思维里发生了些什么？"）
- 注意（note）：关注每时每刻发生的事情。

在我所学的版本里，"N"代表的是"nonidentification"，意思是"非认同"，它指的是，对自己知道的物体，我们会认同，或迷恋。我们走心地接纳了它。"非认同"是我们脑袋里敲响的钟声，提醒我们不要太走心地接纳它。我并未尝试在第二堂课里对此加以解释，而是将之改为"注意法"（Noting practice），这种技巧，来自备受尊敬的已故缅甸老师马哈希·西亚多（Mahasi Sayadaw）。如今各地传授的版本很多，但总体而言，在注意法里，人们简单地注意到自己体验里最突出的东西，不管是想法、情绪、身体感觉，还是画面或声音。注意法是训练"非认同"的一种实用方式，因为一旦我们意识到某物，就不会再与之产生认同感。这一现象，跟物理学中的"观察者效应"类似，也即观察的行为（尤其是在亚原子层面上），改变了被观察的东西。换句话说，当我们仅仅通过观察，注意到身体腾起的构成渴求的实体感觉时，我们就不再那么痴迷于习惯循环了。

到第二堂课结束的时候，我会发给参与者一份讲义，一张钱包大小的卡片，方便他们着手练习"RAIN"。这是本堂课里最主要的非正式训练，一旦渴求出现，随时都可以使用。

专栏 1

我们可以采用冲浪的方法，学会驾驭欲望的波浪。首先，识别（recognizing）出欲望或渴求的到来，放松（relaxing）地投入它。既然它来的时候你无法控制，那

> 就承认或者接受（accept）这股浪头本来的样子；不要忽视它，不要让自己分心，也别努力想对它做点什么，这是你自己的体验。找一种适合你的方式，比如一个单词或短语，或者简单地点点头（"我认了""来了来了"，或者"这就是它了"，等等）。要赶上这股渴求的波浪，你必须仔细地研究它，在它累积的过程中探究（investigating）它。你要问："此刻，我的身体感觉怎样？"别主动去找。你要看看什么东西来得最明显，让它来找你。最后，跟着它走时注意（note）你的体验。你用来形容它的单词或短语一定要简单。比方说：思考、肚子躁动、腾起了感觉、灼热，等等。紧紧跟着它，直到它完全消退。如果你分心了，再次用上面的问题回到探究环节："此刻，我的身体感觉怎样？"看看这一回你能不能驾驭着它直到彻底消失，驾驭着它回到岸边。

"雨"（RAIN）后

在剩下的训练课程中，我加入了正式的冥想练习，可以每天早上或晚上定期进行，作为培养、维持全天秉持正念的基础。我们记下人们每个星期练了些什么、没练什么，跟踪他们每天吸多少支香烟。我有点贪心地设定了第二个星期结束（也即第 4 堂课上完）后就成功戒烟的日期，事实证明，这个时间对大多数人来说都太早了些。有些人在第二个星期戒了烟，接着用剩下的两个星期来强化自己的练习，也有人用了更长的时间。

我的患者学习用正念技术戒烟的同时，另一位受过美国肺脏协会训练的心理学家在大厅对面的另一间教室教授"不吸烟"治疗法。（为确保我们在训练的任何方面都不存在偏差，我们每隔一个月就对换教室）。到了第二年年底，我们筛选了超过750人，随机挑出了不到100人用于检验。等最后一批受试者完成了最后4个月的随访，我们拿出所有的数据，考察正念累积所得的效果。

我希望我们的新方法能跟现有的最佳实践效果（也即"不吸烟"治疗法）达到同样的水平。等统计师传回数据，我们发现，正念训练小组里的参与者，戒烟成功率是"不吸烟"小组的两倍。更好的是，几乎所有正念参与者都保持了戒烟状态，而对照小组里的许多人则又抽上了烟，两者在这方面的差距达到了5倍！这样的结果比我预期中要好得多。

为什么正念能发挥作用呢？我们教人们关注自己的习惯循环，这样他们就能清楚地看到吸烟带来的奖励到底是什么（比如，化学品的味道），从而"瞧不上"自己的行为（对该行为祛魅）。然而，我们还教他们另一些正念练习，如呼吸的觉知和善念（loving-kindness）。或许项目的参与者用这些别的练习让自己分了心，又或许，发生了一些我们完全没预料到的事情。

我给耶鲁的一名医学生布置了任务,让她去调查是什么原因导致了差异。莎拉·马利克(Sarah Mallik)正在我的实验室里做医学论文;她想知道,正式的冥想和非正式的正念练习(如"RAIN")能否预测两组人的结果。她发现,正念练习和戒烟之间存在很强的相关性,但"不吸烟"组(参与者听CD,学习放松和其他从渴求中分心的技术)里则不存在相关性。我们假设,或许在困难的冥想期保持静坐(就像我做的那样),能帮助烟民熬到渴求消散。又或者,冥想的能力,仅仅是人有更大概率运用正念的一个标志。我们发现,正念小组里的"RAIN"练习,跟结果高度相关,而"不吸烟"小组里的同类非正式练习与结果不存在相关性。兴许,"RAIN"对结果有着驱动作用。因为不知道确切的答案,我们公布了结果,将上述所有可能的解释都提了出来。[4]

另一名医学生哈尼·埃尔瓦菲(Hani Elwafi)有意弄清正念在帮助人们戒烟上带来了什么样的不同。如果我们能锁定正念效果的心理机制,就能简化未来的治疗,将焦点集中在活性成分上。用个比喻来说:如果我们给人们喝鸡汤,以治疗感冒,那么,知道有效成分是鸡肉、肉汤,还是胡萝卜,显然会很有益处,这之后我们就能保证患者获得了有效的成分。

哈尼用莎拉的数据,着手观察哪些正念训练工具(冥想、RAIN等)对渴求与吸烟之间的关系产生最强烈的影响。我们专门考察渴求和吸烟之间的关系,是因为渴求跟习惯循环清晰地联系在一起。没有渴求,人们吸烟的可能性要小得多。哈尼发现，接受正念训练前，渴求的确能预测吸烟。如果人们渴求香烟，很可能会来上一根。可等接受了4个星期的训练之后，这种联系就中断了。有趣的是，戒了烟的人所报告的对香烟的渴求水平，跟没戒烟的人是一样的。只不过，他们渴求的时候不再吸烟。随着时间的推移，他们的渴求逐渐降低。这是有道理的，我们在报告中提出了如下解释。

用个简单的比喻来说，渴求就像是吸烟引发的一场火灾。如果人不再吸烟，渴求之火依然在燃烧，但等燃料消耗完毕（也不再添加燃料），它自然会熄灭。我们的数据对此提供了直接的支持：（1）戒烟的人，渴求的下降滞后于吸烟的中止，意味着一开始，渴求之火的残余"燃料"会继续出现，并随着时间的推移不断消耗，从而使得渴求延迟下降；（2）继续抽烟的人继续渴求，意味着他们继续为渴求提供"燃料"。[5]

我们是从早期佛教经文里直接挪用这一解释的，经文里用火来比喻渴求的段落比比皆是。[6] 早期的禅修者很聪明。

最后，回到我们最开始提出的问题上：哪一种正念技巧能最准确地预测渴求与吸烟之间联系的断开？获胜者：RAIN。正式的冥想练习跟结果虽然也呈正相关，但非正式的 RAIN 练习是唯一通过了统计检验的（表明 RAIN 跟打破渴求–吸烟联系直接相关）。于是，整个故事就很好地拼合出来了。

僧人与机制

我越是研究为什么正念训练有助于人们戒烟并不再复吸，就越是逐渐理解为什么其他治疗和方法都不够成功。大量的研究将渴求与吸烟明确地联系起来。避免诱因（触发因素）或许有助于预防人们再次被触发，但并不直接对准核心的习惯性循环。例如，远离吸烟的朋友或许会有帮助。然而，如果被老板训斥会触发某人吸烟，避免跟老板接触，虽然可以降低吸烟的可能，但会导致其他压力，比如失业。吃糖等经典替代策略也可以帮助人们戒烟。可这种技巧除了会让人体重增加（在戒烟中很常见）之外，还训练参与者产生吸烟渴望时就去吃东西，从而用一种恶习代替了另一种恶习。我们的数据显示，正念解除了渴求与吸烟之间的这种关联。而且，渴求与行为的脱钩，似乎能有力地避免诱因成为更强或更突出的触发因素。每当我们产生诱因与行为挂钩的记忆时，大脑就开始寻找诱因及其好友（也即任何类似最初诱因并能触发渴求的东西）。

我很好奇，在我自己的冥想探索中，我偶然遇到了一些古老的佛教教义，强调要与渴求合作。[7] 瞄准渴求，你就能征服上瘾。而且，这种瞄准渴求，不是通过暴力，而是有些违背直觉地，直接转向渴求，靠近它。依靠直接的观察，我们可以变得不那么"沉醉"⊖。我从患者身上看到了这一

⊖ 这是对"asava"一词的翻译，"asava"是古印度巴利文，在经文里常常译成"漏"。——译者注

效应。他们直接观察自己从冲动行为中获得了什么奖励，从而不再着迷于上瘾物。那么，这个过程到底是怎么运作的呢？

杰克·戴维斯（Jake Davis）是前上座部佛教的僧人，也是研究巴利文（佛教教义最初就是用这种语言写下的）的学者。我最初认识他，是我结束住院医师任期，到耶鲁大学执教的时候。我们通过一位朋友兼同事韦尔劳比·布里顿（Willoughby Britton）结识，布里顿也是一位冥想修习者，在布朗大学做研究员。当时，杰克正在研究生院学习哲学。我们聊得很投机，因为我们俩都不拘泥于跟冥想无关的细微差异。过了一阵，我向他介绍了奖励式学习的现有心理模式。在我看来，这很像佛教的"缘起"（dependent origination）模型，我是在研究生时阅读佛教文章得知这个概念的。按照《巴利三藏》的说法，佛陀在开悟的那天晚上，一直在沉思这一设想，或许，这值得进一步研究。

"缘起"描述了因果循环的十二根链条（也即"十二缘起"）。某事的发生，取决于导致它发生的另一件事的发生，也就是说，"这个之所以是这样，因为那个是那样。这个不是这样，因为那个不是那样。"它引起了我的注意，因为这似乎就是2500年前对操作性条件反射或奖励式学习的描述。具体情况是：当我们遇到一种感官体验，我们的思维会根据先前的体验来阐释它（按照佛教的说法，这叫"昧"，英文是"ignorance"）。这一阐释为体验自动生成了"情感基调"，来标注它是否愉悦。"情感基调"带来了渴求或冲动,让愉悦的体验继续下去,让不愉悦的体验消失。故此,它激励我们对冲动采取行动,从而助长了佛教心理学中"自我认同"的诞生。有趣的是,"助长"(英文是"fuel",对应的巴利文是"upadana",佛教术语叫作"取"或"执")这个词,在佛教中翻译为"执着"(attachment),西方文化常常把焦点放在这上面。行动的结果记录下来,成为记忆,成为下一轮"重生"(也叫作轮回,"samsara")的条件。

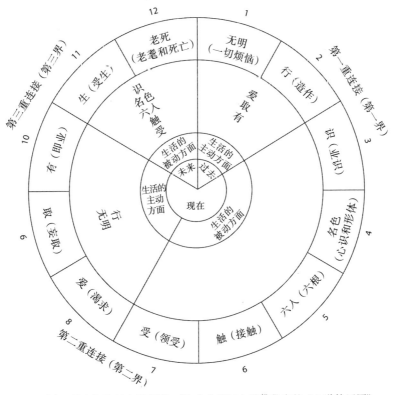

"十二缘起"的复杂示意图,"生命之轮"(也即佛教中的"六道轮回图",但略有差异)。Licensed under CC BY-SA 4.0 via Wikimedia Commons.

这套模型看起来有点乱糟糟的，因为它的确如此。我和杰克试用了一段时间，才逐一解开了每个组成部分，发现缘起真的与奖励式学习相吻合。老实说，两者契合得可谓严丝合缝。你看，缘起的步骤，基本上与奖励式学习的步骤相同。只不过，它们的名字起得不一样。

从最顶端开始，经典的"无明"（昧）概念跟现代"主观偏差"设想非常相似。我们根据此前经历带来的回忆，以特定的方式看待事物。这些偏差孕育着一些典型的情感性习惯反应（也就是说，涉及对某事产生怎样的情绪）。这些不假思索的反应，跟缘起所描述的愉悦与不快部分相呼应。如果巧克力从前吃起来味道不错，看到它就有可能带来愉悦的感觉。如果上一次吃巧克力食物中毒了，下一次看到它我们的感觉恐怕就不太好。在两种模型中，愉悦感都带来了渴求。而在两种模型中，渴求都带来了行为或行动。到目前为止，非常棒。接下来，是我需要有人帮忙的地方了。在缘起模型里，行为带来了"生"。古代佛教徒并未明确地探讨记忆的形成（在古代，一些文化认为思想来自肝脏，另一些文化认为它来自心脏）。"生"会不会就是我们现在说的"记忆"呢？如果我们想一想自己是怎么知道自己是什么样的人的，那么，对自己身份的认识，就主要建立在记忆的基础上，很好。当然，轮回（无尽的流浪）更是完美契合。每次我们喝酒、抽烟，或者做其他一些行为来逃避不快的体验，我们都是在训练自己再做一次，而且并不解决问题。如果我们继续朝这个方向前进，就会不断地承受苦难。

杰克和我绘制了一张简化的图表,它保留了缘起的形式("这个之所以是这样,因为那个是那样"),同时采用了如今的语言。我们用一副眼镜来代表生命之轮的第一步(无明,昧),以帮助人们形象地思考,这一带有偏差的世界观,怎样过滤传入的信息,让生命之轮不断旋转,让习惯的形成与强化循环并生生不息。

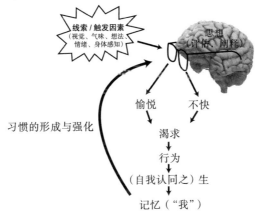

简化版缘起模型。Copyright © Judson Brewer, 2014.

此外,我们发表了一篇论文,以成瘾性作为例子,向学者、临床医生和科学工作者展示缘起模型和奖励式学习之间的重大相似之处。[8]

经过了过去几年无数次会议陈述和讨论的检验,这两套模型似乎站稳了脚跟。针对治疗怎样发挥作用的潜在机制,古代和现代都提出了设想,而这两套模型,便帮忙将两者联系了起来。将不同体系的术语挂钩对应起来之后,学术研究工作便得到了简化,这样一来,因为翻译而损失的东西会更少。从纯粹达尔文主义、适者生存的视角来看,不管跟新模型是否一致,缘起等心理模型竟然经受住了时间的检验,在当前重新得到发现,又或者成了装进了新瓶的旧酒,这很奇怪,但又颇令人感到宽慰。

在科学的世界里,奖励式学习是这样的:建立一套理论或发现某种新东西(触发因素),头一个发表有关它的文章(行为),其他人援引你的研究,你得到晋升(奖励),依此类推。甚至还出现了一个词,专门用来形容有人赶在我们前面发表了文章会发生些什么:"抢独家"(get scooped)。瞧,这就好像佛陀早在论文这种东西发明之前,抢了斯金纳的独家。

这么多年来萦绕在我脑海里的"那又怎么样"的问题,终于得到了解答。我能从自己的上瘾思考过程中看出,我怎样建立起无尽渴求的习惯。根据这些见解,我得以理解患者的问题,与他们感同身受,并学习怎样更好地治疗其上瘾。这些知识带来了我们的临床试验,并表明相关技术适用于范围很广的人群。知道了现代机制模型跟数千年前建立的模型一样,我们便回到了起点。除了硬性上瘾之外,这些模型能不能对更宽泛的行为起到帮助作用?换言之,它们能不能帮助人们过上更好的生活?

CHAPTER 2

第 2 章
技术上瘾

> 技术和奴隶制的区别在于，奴隶是完全明白自己不自由的。
>
> ——纳西姆·尼古拉斯·塔勒布（Nassim Nicholas Taleb）

2014年12月，我和妻子飞往巴黎，我准备做一场正念科学讲演。这是我们第一次到访光之城，所以，我们做了许多游客都会做的事：参观卢浮宫。那是冷冷的阴天，但我们很兴奋地参观这座老早以前就听说过、读到过无数次的著名博物馆。我的妻子是研究圣经和古代近东的学者，很兴奋地想向我介绍那里收集的各种古代奇迹。我们快步走过第一区的狭窄街道。当我们穿过拱门，进入容纳着博物馆标志性入口的庭院，那儿正挤着许多游客，吃饭，拍照。有一小群人把我死死地堵在了路上。我飞快地给他们拍了张照片，捕捉到那个场面。

我不是摄影师，就别评价我拍得好不好了。两位女性玩着自拍，有什么特别的地方呢？我发现，最悲惨也最生动的是前景里那位穿着连帽外套、略微有点驼背的绅士。他是其中一位女士的男友，孤零零地站在冷风里，因为他被一根70厘米长、可以伸缩的铝杆给取代了。我看见，他为自己惨遭淘汰露出一脸难受的表情。

2012年,"自拍"一词是《时代》杂志评选出的年度十大流行语之一。2014年,该杂志又将"自拍杆"评为年度最佳25项发明之一。对我来说,这是世界末日降临的标志。摄影自拍可追溯到20世纪80年代中期。我们为什么如此痴迷于给自己拍照?

在卢浮宫自拍。摄影:作者。

在自拍中发现自我

以图片中的两位女性为例,我们可以想象,她们中有一人的脑袋里正进行着以下对白。

女人(自己对自己想着):"哎呀!我在卢浮宫!"

女人的意识对自己说道:"别光站着!拍张照片。不,等等!跟你最好的朋友拍张照片。停!我想到了!拍张照片,再贴到Facebook上去!"

女人:"好主意!"

"丹妮尔"（姑且这么叫她吧）拍了照片，放下手机，进入博物馆开始浏览展览。才过了10来分钟，她就涌起一股冲动想查看手机了。趁着朋友们正冲着别的方向看，她偷偷瞟了一眼手机，看看有没有人给她的照片"点赞"。兴许她觉得有点惭愧，所以她趁着朋友们发现之前迅速放下电话。几分钟后，冲动再次袭来，紧接着又来了一次。最后，她余下的整个下午都在卢浮宫游荡，看到了些什么呢？不是世界著名的艺术品，而是自己的Facebook更新流，跟踪自己收到了多少"赞"和评论。这种情况听起来很疯狂，但每天都在发生。我们现在应该知道为什么会这样了。

触发因素、行为、奖励。既然它们构成了本书的基础，我经常重申：这3个要素对于建立学习行为至关重要。它们共同塑造了整个动物界的行为，从只有最原始神经系统的生物，到受到上瘾（不管是可卡因还是Facebook）折磨的人类，甚至于社会运动。[1]我们可以把奖励式学习视为一种类型的事件，这些事件有好的，也有极为糟糕的。学习简单的习惯，比如孩提时代学习系鞋带，可以带来父母表扬的奖励，也可以免除自己做不了带来的挫败感。走向另一极端，那就是我们痴迷手机到了开车也会发短信（它变得跟酒后驾驶同样危险）的程度，并且因为一次次的重复得到反复强化。位于两者之间的，则是程度没那么严重的各种事情，比如白日梦、沉思、越来越紧张。我们每个人都有压力按钮，按钮何时按下，基本上取决于我们怎样通过奖励来学习应对生活。压力源对生活以及周围的人有多大的影响,似乎决定了它们属于哪种类型的奖励式学习。上瘾就属于最糟糕的一种:哪怕存在不良后果,我们仍然反复使用。系鞋带是个好习惯,开车时发短信不是。有必要注意到,定义明确的奖励,造就了与此相关的一切差异:我们培养的是什么行为,我们学习的速度有多快,行为扎根的力量有多强烈。

按照斯金纳的理论,行为的形成方式如下:"得到强化的事件分为两种。一种强化包括刺激的出现,环境中增加了某物,如食物、水或性接触。这些,我们称之为积极强化。另一种强化包括环境中消除了某物,如巨大的噪音、极为明亮的光线、极度的寒冷或高温、电击。这些,我们称之为消极强化。在这两种情况下,强化的效果是一样的,也即反应出现的概率提高了。"[2] 简而言之,跟其他有机体一样,我们学会从事能导致积极结果、回避导致消极结果的活动。行动与奖励的联系越明确,该行为就越是得到强化。

我们在卢浮宫碰到的女士丹妮尔,并没有意识到自己陷入了进化史上最古老的伎俩。每当她产生冲动(触发因素)朝 Facebook 发布一张新照片(行为),她都会获得一大堆的"赞",于是,这个过程就固定了下来。有意无意中,她强化了自己的行为。丹妮尔没有沉浸在卢浮宫丰富的历史中,而是像磕了药的瘾君子一样,期待着下一发冲击。这种迷恋活动有多常见呢?它对"以我为中心"的文化,是否推波助澜了呢？

YouTube = MeTube

"状态更新"是《老美生活纪事》(*This American Life*)播客中的一集，3名初三学生聊起自己使用 Instagram 的事。Instagram 是一款简单的程序，人们可以张贴、评论和分享图片。它简单，但很值钱：2012年，Facebook 用10亿美元收购了 Instagram。

播客一开始，青少年们随意地聊天，等待采访开始。他们做了些什么事呢？他们把自己的照片贴在了 Instagram 上。故事进而描述了他们如何花费大量的时间来发布图片、进行评论，或是给朋友"点赞"。其中有个女孩说，"人人都随时挂在 Instagram 上"，另一个插嘴："绝对有种古怪的心理……就是那种……有一套人人都知道和遵循的潜规则。"

在随后的采访中，他们形容自己的行为是"不过脑的"。主持人伊拉·格拉斯（Ira Glass）提出了一个有趣的问题："既然不过脑，它为什么仍然能发挥作用呢？它让你感觉很好吗？"尽管女孩之一承认，"我会给自己信息流上的所有内容'点赞'（也就是说，不管出现什么图片，她都会点击'赞'按钮）"，少年们同时说道：得到"赞"让自己感觉很好。一人总结说："这就像是，人的本性。"

神经科学或许可以为这些青少年口里的"人的本性"提

供一些见解。哈佛大学的黛安娜·塔米尔（Diana Tamir）和杰森·米切尔（Jason Mitchell）进行了一项简单的研究，他们把受试者放进功能磁共振成像扫描仪里，并让他们三选一：报告自己的观点和态度，判断另一个的态度，回答一个琐碎的问题。[3] 参与研究的人重复这一任务近两百次。在此过程中，仪器测量他们的大脑活动。但研究还设了个"圈套"：选择跟金钱收益挂上了钩。例如，在一轮测试里，参与者可以选择回答关于自己的问题，挣得 x 美元；也可以选择回答关于别人的问题，挣得 y 美元。钱的数额不一样，能挣得报酬的问题属于哪一类，也在变化。到研究结束时，把所有的收益都加起来，科学家们就可以确定人是否愿意放弃钱而多谈谈自己。

人真的愿意这么做。平均而言，参与者因为多想自己、多谈论自己，平均失去了 17% 的潜在收入！用一秒钟想一想。怎么有人会放弃这么多钱干这事儿呢？和那些因滥用药物放弃工作和家庭责任的人没有太大的不同：这些参与者在执行任务时激活了自己大脑的伏隔核。难道说，人们谈论自己的时候，大脑亮起的区域就跟人吸食可卡因或使用其他毒品时一样吗？事实上，伏隔核是跟成瘾发展最密切相关的脑区之一。故此，自我与奖励似乎存在联系。谈论自己有着奖励效果，而沉迷于此，跟毒品上瘾十分类似。

第二项研究在此基础上更进一步。[4] 柏林自由大学的达尔·梅什（Dar Meshi）及同事让志愿者一边接收数量不等的有关自己的积极反馈,一边测量其大脑活动(对照组接收的是有关陌生人的积极反馈)。和哈佛大学的研究一样,他们发现,参与者的伏隔核接收到与自己相关的反馈时更为活跃。研究人员还让参与者填写问卷,以确定所谓的"Facebook强度"得分。问卷询问了他们有多少Facebook好友,每天在Facebook上花多长时间(分数最高的是每天在3个小时以上)。研究人员把伏隔核的活动跟Facebook使用强度挂钩之后,发现大脑这一区域的点亮,可预测Facebook的使用强度。换句话说,伏隔核越活跃,某人就越有可能花时间在Facebook上。

加州大学洛杉矶分校的劳伦·谢尔曼(Lauren Sherman)和同事们做了第三项研究,趁着青少年观看模拟Instagram信息流(包括他们自己提交的一连串图片,以及他们"同伴"提交的图片)时测量其大脑活动。为了尽可能准确地模仿Instagram,信息流会显示参与者图片获得的点赞数量。研究人员设计的"机关"是,他们把图片随机分为两组,并为每一组分配特定数量的"赞":一组多,另一组少。由于大部分的同伴认可都是在线的,可以毫不含糊地进行量化(如"赞"的有无),研究人员使用这一实验操作来衡量同伴互动对大脑活动的影响。这种设置不同于面对面的交流,因为面对面交流涉及语境、非语言的面部及身体暗示、语音语调等其他各种因素,为模糊及主观阐释留下了很大的空间。诸如"为什么她那样看我"以及"她说这话是什么意思"是青少年焦虑的重大源头。换句话说，青少年通过社交媒体获得的清晰、可量化的同伴反馈，对大脑有着怎样的影响呢？跟前两项研究的结果一致，青少年大脑的伏隔核与另一个与自我参照相关的区域（本章稍后将做更详细的介绍），表现出更强烈的激活。[5]

这些研究所得结论表明，谈论自己、获得有关自己的反馈，似乎有着生物学上的奖励，跟驱动上瘾过程的奖励可能属于同一种类型。毕竟，视频网站 YouTube 的名字里，有一个大写的"你"（You）呀。

为什么我们的大脑会这样设计，让我们一得到关于自己的反馈就会带来奖励呢？《老美生活纪事》这一集里的青少年们给了我们线索。

茱莉亚（少女）："这有点像……我是个品牌。"
艾拉（少女）："你正在努力推广自己。"
茱莉亚（少女）："品牌。我是导演……"
伊拉·格拉斯（主持人）："你是产品。"
简（少女）："你绝对想要推广自己。"
茱莉亚："（这样才能）合群呀……"

接着，他们讨论起"合群"来。他们开玩笑地说，他们在初中很"合群"。众所周知，他们的社交群体和朋友是很稳定的。社交参与的基本规则是现成的，这里没有什么模糊地带，至少，在青少年的思维里少得可怜。可进入高中三个月之后，他们的朋友圈和社交群体却很不确定，一切有待拼抢。一如格拉斯所说，"相关风险太大了"。

有关合群的这场对话似乎指向了一个存在主义的问题：我重要吗？从进化的角度来看，这个问题又涉及一个生存问题："我重要吗"能否等同于生存概率的提高？从这个角度看，生存是社会性的：提高人在等级秩序里的地位，不遭排斥，或至少知道自己相对于别人的位置。我读中学的时候，寻求同伴认可绝对是一项生死攸关的生存技能。不知道自己是否得到了特定群体的接受，这种不确定性比收到准确消息更叫人焦虑紧张。明确的反馈能让人扼杀这些晚上叫人睡不着的闹心问题。就跟 Facebook 或 Instagram 的例子一样，社会生存信息说不定也留存在奖励式学习的简单"规则"里，这些"规则"是进化确定下来的，能帮助我们记住在哪里寻找食物。每当从同伴那里得到赞赏，我们就会感到兴奋，并学会重复同类行为。我们必须吃了东西才能活下去；我们的社交食物，对大脑来说，兴许就跟真正的食物一个味道，激活相同的神经通路。

Facebook 上瘾症

回到卢浮官的丹妮尔，假设按过一定次数的按钮之后，她养成了到 Facebook 或 Instagram 上发布照片的习惯。和《老美生活纪事》播客里的青少年一样，她了解到"赞"让人感觉很舒服。她遵循了斯金纳积极强化的规则。那么，要是她感觉不好，会发生什么情况呢？

女人（一边开车下班回家，一边在心里跟自己说）："哎呀，今天真是糟糕透顶。"

女人的意识（努力给她打气）："真抱歉你感觉这么不好。你知道，发布图片到 Facebook 会让你感觉不错，对吧？为什么不试试让自己好起来呢？"

女人："好主意！"（开始浏览自己的 Facebook 信息流）

这里有什么问题吗？这就是斯金纳所描述的学习过程，只是有着不一样的触发因素。她接通的是方程里的消极强化端。除了发布照片让人感觉很好之外，她还会学到，可以用这件事来消除（至少是暂时性地消除）不愉快的感觉（比如伤心）。她这么做的次数越多，这种行为就越是得到强化，变得越发地自动自发、习惯性，甚至上瘾。

虽然这一场景听上去过分简单化了，但几项关键的社会和技术进步，为当今正在蔓延的互联网及技术滥用与上瘾创造了条件。第一，像 YouTube、Facebook 和 Instagram 等社交媒体将分享门槛降低到了近乎无，你几乎可以在任何地方分享正在发生的任何事情。拍一张照片，点击"张贴"，就完成了。"Instagram"这个名字就说明了一切。第二，社交媒体为本身就极具奖励效果的八卦提供了完美的场合。第三，基于互联网的社交互动往往是异步的（也即并非同时发生），可以进行选择性和策略性的沟通。为了最大限度地提高他人点赞概率，我们可以在发布评论和照片之前排练、重写、反复拍摄。以下是《老美生活纪事》播客里的一个例子。

伊拉·格拉斯（主持人）：如果一个女孩发布了一张不讨人喜欢的自拍，或是一张让她看起来不够酷的自拍，其他女孩就会截图保存图片，之后再八卦。这种情况随时都在发生。所以，就算她们从小学六年级就开始玩自拍，早就是自拍老手，也仍然会很紧张。所以她们会采取预防措施。

艾拉（少女）：发布之前，我们会在聊天群组里发给自己的朋友，比方说，'我该发这张吗？我看起来漂亮吗？'

格拉斯：就好像……你在向四五个朋友测试它一样。

他们说的是什么？质量控制！姑娘们先测试，确保产品（她们的照片）在走下生产线之前质量符合行业标准。如果目的是为了获得"赞"（积极强化），并避免人们八卦（消极强化），她们才需要先测试，再把照片公开发布。让事情变得更复杂的是，别人会不会评论、什么时候评论你的照片，是不确定的。在行为心理学中，这种"他们会还是不会呢"的不可预测性，是间断强化（执行行为后，只在部分时候给予奖励）的一个特点。不足为奇，拉斯维加斯的赌场就在老虎机上采用这一类型的强化时间表，赢钱的时间表似乎随机,但赢钱概率又足以让我们继续玩下去。把所有这些成分搅拌在一起,Facebook 得出了一套制胜良方,至少是一套能让我们上钩的妙法。换句话说,这一间断强化的"胶水",让这件事变得极富黏性,让人上瘾。黏性有多大呢?越来越多的研究提供了一些有趣的数据。

罗斯琳·李–王(Roselyn Lee-Won)和同事们在一项名为《Facebook 上钩》的研究中提出,自我展示(在他人面前构建并维持自己的正面形象)的需求,是"理解在线媒体过度使用的关键"。[6]研究人员表明,对社会宽慰的需求,跟 Facebook 的过度及失控性使用相关,特别是在认为自己缺乏社交技能的人群当中。当我们感到焦虑、无聊或孤单时,我们会更新自己的状态,呼喊 Facebook 上的各类好友,后者给我们的帖子点赞,或者写一条简短的评论,以此作为回应。这样的反馈让我们相信,我们与他人有着联系,获得了关注。换句话说,我们学会上网、在社交媒体网站上发布一些东西,以求获得暗示我们合群、我们重要的奖励。每当我们感到了宽慰,便得到了强化,孤独感消散,这种连接让人感觉良好。我们学会了回过头来索取更多。

那么,当人们迷上了 Facebook 给自己带来的良好感觉,会发生些什么呢?扎克·李(Zach Lee)和同事们在 2012 年的一项研究中提出了这个问题。[7]他们想看看使用 Facebook 获得的情绪调节,能否解释当事人使用 Facebook 失调(也就是 Facebook 上瘾症)。换句话说,吸食可卡因的瘾君子是为了追求"嗨"的状态，人们陷入反复检查 Facebook 信息流的行为里，是不是也是为了追求愉悦的感觉呢？我的吸食可卡因的患者在不停使用可卡因的过程中感觉并不好，事后的感觉也很糟糕。类似地，李的研究小组发现，对在线社交互动的偏好，跟情绪调节不足，以及自我价值感减弱、社交退缩增强等消极结果相关。让我再说一遍：在线社交互动，增强了社交退缩。人们沉醉于在 Facebook 上获得良好的感觉，事后却感到更糟糕了。为什么呢？一如我们学会了伤心就吃巧克力，习惯性地访问社交媒体网站并不会解决一开始使得我们感到伤心的核心问题。我们只不过是学会了把巧克力或 Facebook 跟感觉好些挂上钩。

更糟糕的是，发布自己最新、最好看的照片，给出最精辟的评论，对当事人具有奖励作用，却可能让其他人感到难过。在一项名为《看到别人的精彩镜头联播：使用 Facebook 跟抑郁症状是怎样联系起来的》的研究中，麦莉·斯蒂尔斯（Mai-Ly Steers）和同事们发现了证据，研究表明 Facebook 用户在与其他人比较时感到沮丧。[8] 尽管 Facebook 的异步性质，能让我们选择性地发布最好看、最光彩照人的自己，但当我们看到别人经过润色的生活（看到他们做过完美修饰的自拍图、他们豪华的假期），我们对自己的生活感觉就没那么好了。当我们挨了老板的批评，从电脑屏幕上抬起头，瞪着没有窗户的办公小隔间的墙壁，这种不快的感觉就更加扎心了。我们想："我想要他们的生活!"这就像是汽车陷入雪地,使劲踩油门只会让汽车越陷越深,我们重复从前带来奖励的行为,却不曾意识到这么做反倒让事情变得更糟糕了。这不是我们的错,只不过,我们的大脑就是这么运转的。

错误的幸福

本章所述的习惯形成的现象,我们每一个人都很熟悉,只不过我们的恶习在形式上有所不同,有些人是可卡因,有些人是香烟,还有些人是巧克力、电子邮件、Facebook,或是人在岁月里形成的任意古怪习惯。

既然我们已经对习惯怎样建立、这些自动化流程为什么得以固化(通过积极和消极强化)有了更清楚的认识,我们可以着眼观察自己的生活,看看习惯循环是怎样驱使我们的。我们按下按钮,是为了获得什么样的奖励?

关于上瘾有一个老套的笑话(说是格言也行):解决问题的第一步是,承认我们碰到了问题。这并不是说我们所有的习惯都是瘾。只不过,我们必须弄清哪些习惯导致了这种生病的感觉,哪些不会。系鞋带大概不会诱发压力。强迫性地在自己的婚礼上发自拍照,更值得我们关注。抛开这些极端情况,我们可以先来考察一下幸福究竟是怎样的感觉。

在《就在今生》(*In This Very Life*)中,缅甸的冥想导师班迪达尊者(Sayadaw U Pandita)写道,"在追求幸福的过程中，人们错误地把思想的兴奋感当成了真正的幸福。"⁹我们听到好消息、走进一段新的恋情，甚或是坐过山车时，都会感到兴奋。在人类演化的某个历史时间点，我们经过条件反射的训练，认为大脑里多巴胺启动所带来的感觉就等于是幸福。别忘了，这恐怕是为了让我们记住到哪里找到食物而确立的，它的目的不是要让你感觉"你现在已经满足了"。诚然，对幸福下定义很棘手，而且它非常主观。幸福的科学定义至今仍然存在激烈争议。幸福感似乎跟适者生存的学习算法不相融合。但我们可以合理地做出推断：对奖励的期待不是幸福。

有没有可能，我们搞不清压力的成因到底是什么？我们经常遭到广告的轰炸，它们不停地对我们说，我们不幸福，但只要我们买了这辆车、那块表，或者做了美容手术，自拍永远美艳动人，我们就幸福了。如果我们承受压力时，看到衣服的广告（触发因素），去商场买下（行为），回到家照镜子，感觉好多了（奖励），我们就有可能自我训练，将这一循环固定下来。这种奖励实际上是什么感觉呢？这种感觉能持续多久？它是否补救了最初导致我们生病的东西，让我们感到更幸福了？依赖可卡因的患者用"锐利""不消停""躁动"，甚至"偏执"等词汇来形容"嗨起来"的感觉。在我听起来，这些都不像是幸福（他们显然看起来也不幸福）。事实上，我们可能会盲目地按下自己的多巴胺按钮，认为只要能得到多巴胺就会好。我们的压力指南可能校正有误，或是我们不知道该怎么解读它。我们兴许会错误地将自己指向受多巴胺驱动的奖励，而不是远离它们。我们可能会在各种各样错误的地方寻找爱。

不管是青少年、婴儿潮一代，还是两者之间的某个世代，我们大多数人都在使用 Facebook 和其他社交媒体。技术重塑了 21 世纪的经济，尽管大部分创新是有益的，可明天的不确定性和波动引入了导致上瘾或其他有害行为的学习。例如，Facebook 娴熟地跟踪了我们会按下哪些按钮，知道什么东西能让我们按下按钮，并利用这一信息让我们不断回头索取更多。伤心时使用 Facebook 或其他社交媒体，会让我感觉更好还是更坏？强化学习带来的不安和奖励，在我们的身体及意识里产生怎样的感觉？我们现在是否应该了解怎样给予其关注？如果我们停止足够长的时间不去按压杠杆，而是退后一步，对真正的奖励进行反思，我们就能够逐渐看出什么样的行为会让人围着压力转，重新发现真正让人幸福的东西。我们能够学会解读自己的指南针。

CHAPTER 3

第 3 章

对自己上瘾

> 自我（Ego），也就是人相信是自己的那个"我"，不过是一种习惯的模式。
>
> ——英国哲学家，阿伦·沃茨（Alan Watts）

我要坦白：在修读医学博士项目的那几年夏天，我总会趁着实验室轮岗偷偷溜号几小时，追看环法自行车赛的实况转播，放下工作不管。为什么呢？我被兰斯·阿姆斯特朗（Lance Armstrong）迷住了。环法自行车赛是历年来公认最辛苦的耐力赛。盛夏的7月，选手们要骑行大约3500公里，为期3个星期。完成赛程耗时最短的人就是冠军。为了获得胜利，骑手必须要各方面都出类拔萃；耐力、爬坡、个人计时赛，同时有着最顽强的意志。一天又一天，不管碰到任何情况，哪怕疲惫的身躯催着你退赛了，你也要尽快跳上自行车，这真的太神奇了。

兰斯简直势不可挡。他本来得了转移性睾丸癌，痊愈后拿下1999年的环法自行车赛，接着又连续7站（原来的纪录是5站连胜）全胜。我还记得，2003年，我坐在宿舍会客室（那儿有一台大屏幕电视），为他翻越山区地带加油打气。他正挤在领骑阵营，跟一群人冲下陡峭的山坡，前面有一名车手突然翻了车。为了避免撞车，他本能地骑着自行车冲下赛道，进到一块田里，全速穿过高低不平的地形，接着用力一跳，重新上了赛道，加入领骑阵营。我知道他艺高人胆大，但这一举动却叫人难以置信，英国的转播解说也目瞪口呆。（解说员："我这辈子都没见过这种事。"）这一天剩下的时间，我都如同过电般兴奋。几年以后，我在脑海里重放那一幕，仍然能感受到同样的兴奋感。

我迷上了兰斯。每一阶段的比赛后，他在新闻发布会上说着法语。他创办了一家帮助癌症患者的基金会，等等。他绝不可能做错事。他即将展开的旅程，会是一段精彩纷呈的故事。这就是为什么我没法待在实验室尽职尽责地进行研究，等到下班再观看比赛精彩瞬间回放。我必须守在电视机跟前，看看他在下一阶段（以及下一年）要完成什么样的惊人壮举。所以，当兴奋剂指控浮出水面，我态度坚决地向任何愿意倾听的人替他开脱。我不光说给别人听，也说给自己听。

这个故事是主观偏差的绝佳例子，这里的主观偏差，来自我自己。我已经形成了"兰斯是有史以来最优秀的自行车选手"这一主观偏差。这一偏差，又让我沉浸在这个故事里无法自拔。我无法想象兰斯也会使用兴奋剂，这种可能性使我无比痛苦。记住：按照宽泛的定义，上瘾就是哪怕有不利后果也要重复该行为。我真的对兰斯上瘾了吗？事实就摆在面前，而且越积越多，为什么我就视而不见呢？原来，这两个问题有可能是相关的，理解它们的关系，有助于阐明习惯(甚至上瘾)怎样形成并维持。

双"我"记

1号自我：模拟器

我第一次碰到帕拉桑塔·帕尔（Prasanta Pal），是在耶鲁大学的神经影像分析计算机集群工作站。他刚刚获得应用物理学博士学位，是个说话轻言细语、随时面带微笑的小个子绅士。我们碰见那会儿，他正在用功能磁共振成像测量通过心室的血液湍流。他读过我的一篇讲述冥想时大脑活动的论文，不到一杯茶的工夫，他就告诉我，在他成长的印度文化里，冥想就是生活的一部分。[1] 看到有人严肃地研究它，帕拉桑塔很高兴。事实上，他有意加入我的实验室，将自己的技能付诸运用。

我们一拍即合。帕拉桑塔的专业领域是模拟数据，优化现实世界的系统。在我的实验室里，他建立了大量蒙特卡罗模拟：使用随机采样的方法，在带有许多未知因素的系统中预测可能出现的结果（概率）。蒙特卡罗模拟在大量场景下运行，根据现有信息，暗示哪些情况最有可能在真实生活中发生。我的大脑一直在进行蒙特卡罗模拟，好让兰斯继续站在他高高的王座上。为什么它卡住了呢？

想想看：我们脑袋里随时都进行着类似帕拉桑塔那样的模拟。我们在高速公路上行驶，很快就要到出口了，但所在的车道不对，这时，我们就开始精神模拟了。我们观察汽车之间的距离、它们的相对速度、我们的速度，以及离出口的距离，在精神上计算着我们是需要加速超过前车，还是放慢速度跟在它后面。再举个例子：我们收到聚会的邀请函。我们打开它，扫视着它来自何人、聚会举办的时间，并开始想象自己来到现场、哪些人也会在场、食物好不好吃，如果我们不去，会不会伤害主人家的感情，又或者，我们会不会做其他的事情（接受了更大更好的其他邀约）。我们甚至可以和伴侣进行口头模拟，讨论我们是应该去参加聚会，还是蹲在家里继续疯狂追看 Netflix 上的电影。

这些模拟每天都在派上用场。精神测试一些场景，比径直冲进车流、引发事故要好得多。在精神上预演聚会可能出现的场景，也比到了现场进了门发现有个跟我们关系尴尬的人也在、肚子里叫苦不迭要好得多。

在实验室，帕拉桑塔正在努力确定脑电波耳机的理想配置，在我们的神经反馈研究中用它测量大脑特定区域的活动。他必须弄清楚怎样把耳机记录的数据采集输入数字从 128 个减少到 32 个，这样，他的模拟才能从头皮的任何位置，随机地一次消除一个输入。你设身处地想象一下那得有多少工作要做。蒙特卡罗模拟对于有效解决复杂问题极有帮助。

虽说没有人确切知道，但是人类精神模拟的能力应该是随着农业社会的出现、进行未来规划的需求提高（比如，要安排种植作物的时间量，才能期待有所收获）演变而来的。

马克·利里（Mark Leary）在《自我的诅咒》(*The Curse of Self*)一书中写道，大约 5 万年前，农业和具象艺术，还有造船，在这一时期同时出现。利里指出，根据收获时间计划何时种植大有裨益，造船"是一项需要将人的模拟运算（'我过些时候得用船'）进行精神成像的任务"。[2] 精神模拟是进化适应。

虽然我们的石器时代祖先也许做过计划，可他们的计划主要集中在当季的收获上，这是相对较短的期限。快进到现代。我们生活在更偏向于静坐的社会，我们无须狩猎获取食物，不需要等着耕种出一季一季的作物过活。我们还更为关注长期，忘了下一季的收获吧。我们为大学毕业、事业发展和退休，甚至移民火星做计划。我们有更多的时间坐下来琢磨自己，如同在模拟人生的下一篇章。

有几点因素会影响我们心理模拟的运作，包括模拟的时间框架、我们对所模拟数据的阐释。模拟很久以后发生的事情，准确性会降低，因为未知变量的数目奇多。例如，如果我是一个小学 6 年级的学生，想要预测自己会到哪儿读大学，这相当困难；比较起来，如果我已经读到高三，知道自己的高中分数和高考成绩，知道自己申请了哪些学校，还掌握大量其他相关信息，进行同样的模拟就简单多了。小学 6 年级的时候，我连自己想上哪一类的大学都不知道。

或许更为重要的是，数据的质量和我们对数据的阐释，有可能扭曲精神模拟得出的预测。主观偏差在此发挥着作用，我们透过自己的有色眼镜看世界，我们看见的它，是自己想要看到的样子，而非它实际的样子。假设我们是高三学生，听了普林斯顿大学的招生员在学校做的宣讲，我们激动无比，这一天剩下的时间，我们全都用来想象自己成了普林斯顿的新生，在哥特式拱门下参加无伴奏合唱音乐会，还努力加入赛艇队。如果我们在SAT考试中得了1 200分，而普林斯顿学生的平均分数是1 450分，那么，不管我们自己、我们的朋友，或者我们的爸妈认为我们有多棒，都没戏。除非我们能参加奥运会，或者我们的爸妈给普林斯顿捐赠了一栋楼（甚至两栋），否则，不管我们在脑袋里模拟多少次，我们升入普林斯顿就读的可能性都很低。主观偏差不会让世界变得跟我们眼里的一样，如果我们按照主观偏差采取行动，它甚至会引导我们走上错误的道路。

考虑到这一点，我们再回到我对兰斯的看法上。为什么我深深地陷入"他不可能打兴奋剂"的故事，一次又一次地替他开脱呢？主观偏差竟然让我盲目到搞砸所有不靠谱的模拟吗？我怎么这么沉迷于自己对世界的看法？

我们来看一些数据：

1. 兰斯奇迹般地从癌症中痊愈，成为各项自行车比赛的冠军。我的解释是：他是"美国梦"的完美典范。如果你埋头苦干，就能成就一切。这一点尤其打动我，因为我是个在印第安纳州长大的穷小子，高中的升学辅导员告诉我，我永远进不了普林斯顿。

2. 他名声不太好,有点混。我的解释是:他斗志很强。人们当然会嫉妒他的成功,说他的坏话喽。
3. 他使用能提高成绩的药物。我的解释是:体制想把他踢出去。这个说法困扰他很多年了,可没有一件事能证实。

所以,当兰斯接受奥普拉·温弗瑞(Oprah Winfrey)的采访时坦白自己确实服用了禁药(多年来,他甚至设计并维持了一套精心拟定的服药周期,以免被捉),我的大脑陷入了混乱。我想要以一种特定的方式去看待他,我是透过自己彻底偏差了的"他真棒"眼镜去看他的。传入的数据响亮而清晰。但我根本无法正确解读。我不想看到事实真相,反而不停地模拟了又模拟,构思出一个与自己世界观相吻合的答案。他向奥普拉的坦白,粉碎了我的主观偏差眼镜,我的兰斯上瘾症终结了。一旦清楚地看到发生了什么事情,我迅速恢复了神智。哪怕回想起他过去的壮举,我也再没法为他感到兴奋了;大脑会提醒我,他当时完全是在药物的帮助下才变成超人的。就像我的患者清楚地看到自己从吸烟里获得的是什么,我对兰斯也"瞧不上"了,我对这个过程里自己的思维怎么运作也变得更明智了些。

我们的意识经常创建模拟,帮忙优化结果。这些模拟很容易因主观偏差而扭曲,也就是按照我们希望的样子而非它本来的样子去看待世界。而且,我们的思维越是锁定错误的观点(就跟化学上瘾一样),它就越难察觉我们恐怕出了问题,改变行为更是没可能了。就我个人的例了而言,了解到兰斯·阿姆斯特朗的真相，是一次让人脸红的教训：我未能停下来看看自己的压力指南针，仔细考察数据，倾听自己的身体和意识（压力，无尽的模拟），观察自己是不是漏掉了信息，不被偏差拉着走。

2号自我：超级影星——我！

我们在第2章中看到过，头脑里设定一个具体的故事可能有着强大的奖励作用，强大到甚至有点让人沉迷于自我观点的地步。我们失去了思考的灵活性，无法再接收新的信息，无法适应不断变化的环境。我们变成自己电影里的明星，整个宇宙的中心。这种自我投入往往会导致负面的结果。阿姆斯特朗的故事曝光之后，我给别人道了许多的不是，可基本上还算是无伤大雅。还有些人，受此事的影响更大（包括职业自行车选手的整体声誉）。作为个体，又或者作为较大群体的一员，我们逐渐对那些位高权重、足以影响社会的人（比如政客）形成一种世界观，那会带来什么样的结果呢？从历史上看，阿道夫·希特勒等蛊惑人心的野心家的崛起，就可看出这一过程。现代政治家也有可能变成我们自己版本的兰斯·阿姆斯特朗，一个蒙蔽真相的、伟大的、美国成功故事。

这一让自己成为宇宙中心的过程，是怎么推进的呢？

专攻东方哲学思想的英裔美国哲学家阿伦·沃茨对自我的描述，兴许给出了一条线索。他说："自我就是他相信是自己的那个人。"[3] 沃茨指出的是主观偏差形成并强化的途径。

我们学会一次次地从特定的视角看待自己，直到这一形象固定下来，成为信念。这一信念并不是神奇地从空气里冒出来的。它是靠着重复逐渐建立的。它随着时间的推移而强化。我们或许在自己20来岁时，开始形成"我是什么样的人""我想要成为怎样的成年人"的意识，接着，我们会让身边围绕着有可能支持我们自我观点的人和情况。随着接下来数十年岁月的推移，我们在工作、在家庭里越发得心应手，40多岁的时候，我们有了高级别的岗位、有了伴侣、房产、家人，等等。这种观点得到强化。

这里有一个比喻，或许有助于解释这些信念怎样建立起来。假设说，我们去买一件新毛衣或者冬天的外套，还带上了一个朋友征求建议。我俩去了一家精品店或百货公司，开始试衣服。怎么知道该买什么呢？我们对着镜子看看什么样的衣服合身，穿着漂亮。接着，我们问朋友怎么想。我们兴许认为某件毛衣穿上身让人显得挺漂亮，但不清楚它的质量好不好，价格会不会太高。我们反反复复折腾了15分钟，没法做出决定。我们向朋友求助，她说："没错，就是这一件。你就买这件，棒极了！"凭借这一积极的反馈，我们立刻冲去收银台了。

我们看待自己的方式，是否也是通过同一种奖励式学习镜头塑造出来的呢？举例来说，我们小学六年级时考试得了"优"。我们没想太多，但等回家之后拿给爸妈看，他们赞叹说："太棒啦！我家孩子多聪明啊！"这种家长的赞美就是奖励，它让人感觉很好。我们在另一次考试中又得了

"优",我们根据上一次发生的情况得到暗示,把成绩拿给家长看,期待获得赞扬,并不出所料地得到了赞扬。以这种强化为动力,我们兴许可以保证自己在本学期剩下的时间里加倍努力地学习,在成绩卡上拿到全优。随着时间的推移,我们的成绩、朋友和家长都一次又一次地对我们说:"你很聪明。"我们也逐渐信以为真了。毕竟,没有任何线索说我们不聪明呀。

购物比喻也是一样的。我们在环绕式的镜子里照了自己穿着毛衣的样子,还得到了购物小伙伴的证实,我们获得了足够的保证,它穿着好看。那干吗不穿它呢?当我们一次又一次地试穿同一件毛衣,大脑得以运行模拟,开始预测结果:我们会显得很时髦,很有品位。我们会受到赞扬。

随着时间的推移,历次出现的结果都一样,我们就习惯了。我们对强化变得熟悉了。

20世纪90年代,沃尔夫勒姆·舒尔茨(Wolfram Schultz)进行了一系列实验,揭示了这种强化式学习和习惯跟多巴胺有关联。他记录猴子大脑的奖励中心,发现如果猴子完成学习任务后获得果汁作为奖励,多巴胺神经元会在初始学习期提高启动率,但随着时间的推移逐渐下降,转向一个更稳定、更常规的启动模式。[4]换句话说,我们通过获得赞扬后多巴胺喷射带来的良好感觉,学习到自己很聪明。然而,要是我们的父母第100次说"拿全优真是太棒了",我们会翻白眼,因为我们已经太习惯了。他们说我们很聪明的时候,我们相信,但此时,奖励已经失去了它的美好。一如沃茨所说，随着时间的推移，"我很聪明"的这种看法，变成了"一种习惯的模式"，和抽烟、在 Facebook 上转发精练的语言一样，构建起"我是个聪明人"的自我认识，有着奖励作用，得到强化。我们还可以想一想，这一过程是否也为其他主观偏差（我们每天带着到处走的个性和特点）奠定了基础，渲染着我们的世界观（也即我们习惯了的自我）。

病态个性

首先，我们可以探索一下奖励式学习是否适用于个性谱系的两极。按照通常的描述，人格障碍就是正常人格中也具备的相同特点得到了不良扩展。故此，它们有助于洞察人的状况。这么想吧：把某种个性特点放大 10 倍。一旦放大，就容易看出事情的来龙去脉。一如上瘾一样，这些行为得到一次次重复，直到它们因为与负面后果挂钩而在"正常社会"下显得格外突出。

假设说，正常的自我认识位于人格谱系的中间地带。建立起这种自我认识，暗示我们的童年多多少少是顺着一条稳定的轨道前进的。从奖励式学习的角度来看，这意味着父母以可预测的方式对待我们。如果我们取得好成绩，就会受到赞扬；如果我们撒谎或偷东西，就会受到惩罚。此外，贯穿整个成长岁月，我们得到了来自父母的大量爱与关注。我们摔倒、弄伤自己时，他们把我们抱起来；学校里的朋友躲着我们，他们宽慰我们说，"你很聪明"（或者像第2章里的小姑娘们一样，说你挺"合群"的）。随着时间的推移，我们形成了一种稳定的自我意识。

再假设有个人，落在人格谱系的两极位置，比方说他经历了太多的自我提升，变得傲慢、过分自满。我从前有个同事，在住院医师培训和职业生涯的早期都被人看成是"金童"。每次我碰到他，对话的主题都是他。我听说他发表了论文、（从激烈的竞争中）获得了奖学金，他的病人进展出色。我向他的成功表示祝贺，等下一次我们碰面，这个过程再次重复。触发因素（看到贾德森），行为（更新最近的成功事迹），奖励（受到恭喜）。要不然，我该怎么办？难道跟他说实话——他叫人受不了？

这一谱系的极端是所谓的自恋型人格障碍（NPD）。NPD的特点是，要以获得他人认可为基础设定目标，过度配合他人反应（但当且仅当被感知为与自我相关），过分努力想要成为关注焦点，寻求他人艳羡。自恋型人格障碍的成因尚不明确，虽说遗传因素可能有着一定的作用。[5] 从简单的奖励式学习角度看，我们可以想象，这是"我很聪明"范式的误入歧途。兴许，跑偏的养育方式（赞扬超过了限度，"人人都有奖杯，尤其是你"；纠正性的惩罚缺席，"我的孩子就爱走他自己的路"）在推波助澜，奖励式学习过程得到过度刺激，达到了超过社会规范的程度。就跟存在酗酒基因倾向的人一样，孩子现在对赞扬有了难于轻易满足的口味（不，应该是需求）。他不光需要精神上的鼓舞，更需要持续的积极强化:"喜欢我,说我很棒,再来一次!"

现在,我们来看看谱系的另一端。要是我们没有形成稳定的自我意识(正常的也好,过度的也好),那会是什么情形呢?这种缺陷可见于边缘型人格障碍(BPD),其特征是新版《精神障碍诊断和统计手册》总结的一系列症状:"发育不良或不稳定的自我形象""持久的空虚感""激烈、不稳定、冲突的亲密关系,其标志是猜忌、迫切、焦虑地占有,并伴有真实或想象的抛弃""害怕遭到拒绝,害怕与亲人的分离""感觉自卑"。

我在接受精神科住院医师培训期间学习边缘型人格障碍的时候,简直很难理解这份症状特征清单。我们可以理解这是为什么,我没法把所有这些看似几乎没什么相关性的症状放到一起,它们缺乏一致性或连贯性(至少在我看来是这样的)。当病人进入我的诊所或精神科急诊室,我会拿出标准清单,逐条对比边缘型人格障碍这件"毛衣"是否合身。有些人吻合,有些人不怎么吻合。可当试着把这些症状集中到一起,能用药的选择也给不了我太多帮助。治疗指南建议为患者缓解症状:如果他们抑郁,我们应该就治疗他们的抑郁。如果他们看起来有点精神失常("迷你精神病发作"),就给他们开低剂量的抗精神病药物。然而这些短暂的治疗对边缘型人格障碍患者的帮助并不太大。人格障碍是长期问题,难以治疗。在医学院,我了解到边缘型人格障碍患者的"软迹象"(类似有助于诊断但从未进入书面记录的传说)之一是,抱着泰迪熊进医院。我们怎么可能治疗患有边缘型人格障碍的成年人呢？（从某种意义上来说，他们从未形成稳定的自我形象或身份。）

我的导师带着一抹意味深长的微笑对我讲述了一些临床智慧，还说，"祝你好运，大兵！"就好像他们是经验丰富的将军，我是正要进入战场的小兵。他们的建议里包含了如下训诫："一定要保证每星期跟他们面诊的时间是相同的""你诊室里的每一样东西都得一样""如果他们打电话，恳求额外的问诊时间，要有礼貌，最重要的是别答应他们。""他们会不停地推动你的边界"，导师们警告我："别让他们得逞！"跟几个边缘型人格障碍患者打过交道之后，我逐渐明白他们是什么意思了。如果我接起了一通来自抓狂患者病人的电话，那就铁定会接到更多（更多更多）的电话。如果我延长一次问诊，那么，到下一次问诊的时候，我会耗用更多的时间。我的时间和精力，边缘型人格障碍患者占去了大到不成比例的份额。我感觉，每次跟他们的互动，我都像是在躲子弹。这是一场战斗。而且还是一场我感觉要打输的战斗。我竭尽全力地猫着腰坚守底线：不延时，不额外接诊，坚守底线！

有一天，我对一段互动沉思良久（我想得有点失神，但却不自知），突然间，灵光乍现。我想：如果小时候我们没有得到稳定的抚养环境，那会是什么样子？我开始从操作性条件反射的角度来看待边缘型人格障碍。如果边缘型人格障碍患者在童年从未得到过稳定的反馈，而是碰到像角子老虎机那种断断续续的强化呢？我着手做了一些研究。

从边缘型人格障碍患者的童年成长经历里，最为一致的部分发现包括亲情淡漠，遭到过性及身体上的虐待。[6] 我的患者也证实了这一点，大量的忽视，大量的侮辱。什么样的忽视？当我深入研究时，患者形容父母有时候也很温暖很关爱，另一些时候则完全相反。而且，患者无法预测爸爸妈妈回家时是会来个拥抱，还是会动手殴打。拼图的色块开始凑到一起了。后来，我站在白板前思考最近一次互动中某人的行为，拼图画面突然就成形了。

我逐渐理解了患者们的症状和导师们的建议。边缘型人格障碍患者兴许无法形成稳定的自我意识，因为他们没有可期待的参与规则。比我对兰斯的上瘾更糟糕（至少他坦白认罪，关闭了我的精神模拟），他们的大脑不停地在超速模拟，试图弄清楚怎样持续地感受到关爱，至少感受到自己还活着。就像按压杠杆的老鼠和不停在 Facebook 上发帖的人一样，他们无意识地在寻找激发下一轮多巴胺冲击的方法。如果我的面诊时间很长，他们会感到特别。这触发了**行为、奖励**的学习模式。如果我因为他们"真的需要"而安排了额外的面诊，他们会感到特别。这又触发了**行为、奖励**的学习模式。我不知深浅，总是不知道他们什么时候会陷入"危机"，因此我不得不判断怎样做出最合适的反应，故此，我和患者都没法预测自己会做出什么样的行为。从最基本的意义上说，他们希望有人（在这种情况下也是我）关爱他们，提供稳定的依恋，一幅他们世界的可预测路线图。他们潜意识地想要触发我能表现出关爱的行为。如果我的任何行为存在不一致，他们便获得了最粘人的强化。不知不觉中，我递上了胶水。

透过这种奖励式学习的新视角，我更容易理解患者的观点了。我甚至对他们有了同理心。比方说，边缘型人格障碍的特点之一是对关系的极度理想化和极度贬低（从前我觉得这太让人不解了）。看起来很矛盾？前一天，他们说起一段新的友谊或浪漫关系是多么棒，没过几个星期，同一个人就上了他们的"黑名单"。他们在生活里寻求稳定，会把一切都投入到正在盛放的关系当中，这对双方说不定都是奖励，人人都喜欢获得关注。一旦对方习惯于此，这种积极的感受就会让那人感觉有点生厌。来自边缘型人格障碍一方的过度关注，在某种程度上会使得他警觉，并开始感到有些窒息。他想弄清楚这种占有是否健康，会后撤一下。我的患者察觉到有些不稳定，便切入过度状态：哦，不，你马上又要失去一个了，快把你所有的一切都给她！结果这到头来适得其反，因为这与对方想要的完全不一样，从而招致分手，进而让患者再次打来电话要我特别面诊，处理自己的新危机。我有一名患者，因为遭父亲抛弃的感觉被触发，在拼命寻找安全感的过程中循环了近百份工作和无数段的关系。

如今，我不再光是猫着腰躲子弹，强忍着熬过跟患者的一轮面诊，我可以开始提出一些相关的问题了。我不再努力去解读晦涩难懂且看似千变万化的治疗手册，而是让自己站到患者的立场，感受那些持续的不愉快，寻找能带来暂时缓解的下一轮多巴胺喷射。我们可以径直冲入问题的核心。我不再因为自己没能给边缘型人格障碍患者提供"额外"的时间而感到愧疚、矛盾，因为我能清楚地看到，这么做有害无益。走上学医之路前，我所发出的希波克拉底誓言说得很清楚：以不伤人为主。随着我应用这套框架并从中学习，治疗边缘型人格障碍患者变得容易起来。我可以帮助他们学习建立更为稳定的自我及世界感。我从非常简单的指导方针入手，永远准时开始、结束诊疗（不再是间歇性强化），依靠它，帮助患者确立稳定的学习和习惯。这种技术看起来很简单，却有令人惊讶的效果。我不再置身对抗"敌人"的前线。我的治疗和患者的病情都有所改善。我与患者合作，不仅管理他们的症状，也帮助他们过上更好的生活。我们从单纯地贴上创可贴，过渡到了直接对伤口施压止血。

回到主观偏差的概念：完全有这样的可能，我自欺欺人地认为，我很好地治疗了患者。他们或许会通过自己的行为带给我积极强化（本例中，也就是不解雇我去找另外的医生），以求取悦我（对我们双方都是奖励）。为了证实我不仅仅是用一种胶水换掉了另一种，我跟同事们做了探讨，并做了一场讲座，从奖励式学习的角度来框定边缘型人格障碍（科学家和临床医生们很擅长指出理论及治疗中的失误）。在他们看来，这种方法并不离奇。我按这套理论跟住院医生讨论患者时，他们感谢我帮忙把自己从前线拉了回来，因为他们对患者有了更好的理解，故此也能提供更好的治疗了。我还和一位勇敢的住院总医师、几名搞研究的同事一起发表了一篇经同行审议的论文（推广到更广阔领域的设想，这可谓拿到了"圣杯"），名为《边缘型人格障碍的计算阐释：通过身体模拟对自我和他人受损的预测式学习》（*A Computational Account of Borderline Personality Disorder: Impaired Predictive Learning about Self and Others through Bodily Simulation*）。[7]

在论文中，我们主张用算法解释边缘型人格障碍，认为它有可能成为"一份针对潜在病理生理学的有益治疗指南。"看出边缘型人格障碍也有可预测的规律可循之后，我们便能够开发相应的治疗方法了。基于这套框架，我们可以比从前更为精确地锁定边缘型人格障碍的成因和促成因素。比如，调整奖励式学习，有可能让患有此病的人大幅调整主观偏差。哪怕明确的证据摆在我面前，我也无法接受兰斯服用禁药的事实，同样道理，对患有边缘型人格障碍的人来说，一旦情绪失调，他们往往错误地阐释自己和他人的行为和结果。这种偏差让他们无法准确地模拟自己和他人的心理状态。这种心理障碍，可以解释他们在关系开始阶段，对他人投入过度的关注；强烈的兴趣在他们眼里似乎是有道理的，可对其他人来说却太过离谱，甚至让人感到惊悚。那么，要是他们的浪漫伴侣开始往后退，会发生什么情况呢？如果我的基准框架是，我渴望爱（关注），那么我会假设对方也想要它，我会给她更多的爱，而不是往后退一步，从她的视角看看真实、准确的情况到底是怎样的（也就是说，她说不定感到窒息）。换句话说，边缘型人格障碍患者可能在奖励式学习上出了状况，难以预测人际互动的结果。一如瘾君子会花大量的时间和心理空间去找药磕，患有边缘型人格障碍的人或许不知不觉地把博取关注作为填补深刻空虚感的办法，以获得一轮短时见效的多巴胺冲击。

如前所见，这一类的学习失败导致了不好的结果。它浪费精力，让人在寻求人际关系和生活的稳定性时错失良机。把这种倾向乘以10，所得的结果就是落在病理范围内的人格特征，包括情绪不稳定性（就是，对患者而言，频繁地出现感觉如同是世界末日般的危机），这是边缘型人格障碍的另一标志性特征。患有边缘型人格障碍的人受制于持续不断的疯狂寻求，疲惫不堪。所有这一切，都源自简单的学习过程跑偏。

回归中道

这种奖励式学习的极端人格观（不管是自我太强还是太弱），都有助于我们更好地理解、认识人的状况。了解人随时都在进行精神模拟，是很有好处的。我们可以依靠这一信息来认识模拟，以免迷失、沉溺其中，从而节省时间和精力。

理解了主观偏差怎样运作，碰到模拟偏离轨道时，我们便能让它回到正轨。现在，我们应该能够更清楚地看出主观偏差来自何处,也就是说,来自从"瞧瞧我多棒啊"的影星,到坐在后台沉思怎样出现在摄像机前的内向女演员这一谱系之间的某个位置。寻求关注、强化或任何其他类型的崇拜,都能让我们被这让人上瘾的谱系吸进去,它得到了我们主观偏差的推波助澜,反过来又为之提供了更多的反馈。看看我们有可能出现偏差的地方,就开启了取下这副扭曲世界观的眼镜的进程。理解我们的主观偏差怎样失控、什么时候失控,是升级更新它们的第一步。

如前所述,有能力利用主观偏差的相关信息改善生活,首先就是要拿出自己的压力指南针,清楚地看到自己行动带来的结果。在第2章中,我们了解到社交媒体提供胶水让人沉溺于自我的一些途径。然而,技术无非是接通了千百年来人身为社交生物一贯的做法。比方说,别人恭维我们的那一刻,到底是个什么感觉?那温暖的光芒蕴含着让人兴奋的元素吗?我们会不会想要寻找更多的恭维?而要是我们不断地吹捧别人(就像我不知不觉中对同事做的那样),又会发生些什么?他们得到了什么,我们又得到了什么?我显然是受到了惩罚:因为无知,我得一遍又一遍地听"了不起"先生的故事。

更清楚地看明白此类情况,有助于我们后退一步,核对自己的指南针:我们是否出于习惯,或是做了当时看起来最容易做的事,固化了(自己和他人的)病态状况?如果我们退后一步仔细观察,看看自己是否因为假设或偏差错误地解读了指南针,这种认识是否有助于我们找到更好的做法,不再为熊熊燃烧的自我之火增添燃料？有时候，由于我们太过于习惯，不太容易看清局面，找到改进的机会。库尔特·冯古内特（Kurt Vonnegut）在小说《咒语》（*Hocus Pocus*）里写道："我们以为自己了不起得很，可实情不见得是这样。"更清醒地认识到自己的自我观，甚至去挑战它，这种做法大有裨益。有时候，我们需要他人指出自己的优缺点，而我们的任务，是学会感谢这位送信人，大度地接纳相关的反馈，而不是畏惧建设性批评意见（在谱系的另一极端则是没法接受真心的赞许，这也不好）。反馈是我们学习的途径。还有的时候，我们应该学会怎样包容地指出他人的优缺点，或者，至少也先在脑子里举起警告牌："当心！别给他的自我添柴火啦！"

CHAPTER 4

第 4 章
分心上癮

> 大众化分心消遣的机灵噱头,引发了胡乱给自己开药的自恋瘾君子们的廉价灵魂斗争。
>
> ——康奈尔·韦斯特(Cornel West)

> 青少年们探讨着获得彼此"全身心关注"的想法。他们在三心二意的文化下长大。他们记得,父母一边看着手机,一边给牙牙学语的自己推秋千。而今,每当放学回家,他们就会看到父母正坐在餐桌边用黑莓手机发短信,连头都不曾抬起来。
>
> ——雪莉·特克尔(Sherry Turkle)

你碰到过这样的情况吗?晚上,停在交通红绿灯前,你看到周围其他的车里,人人都埋头瞅着自己腿上散发着诡异蓝幽幽白光的怪东西?又或者,你是否发现,在工作中,你本来正做着项目,突然涌起了一股冲动,想要去查看(又一次地)自己的电子邮箱?

每个月(或者差不多的时间),我总会看到《纽约时报》(我的消遣)上又刊出一篇执笔人说自己技术上瘾[⊖]的评论文

⊖ 此处及下文中的技术上瘾均指沉迷手机和互联网。

章。这些文章读起来就像是在忏悔。他们所有的工作都完成不了。他们的个人生活一团糟。怎么办呢?他们采取技术"断食"或"放长假",过了几个星期,哇!在床头柜上放了一整年的小说,他们终于能一口气读完一段啦!事情真有这么糟糕吗?

借助以下简短的测试,让我们来看看自己的情况。这里的"X"代表你的手机。如果句中所述跟你的情况吻合,请打钩。

- 使用 X 比你想象中的时间更长
- 想要减少或不再使用 X,但做不到
- 花费大量时间使用 X,或是花费大量时间从使用 X 中恢复元气
- 渴望并冲动地想使用 X
- 由于 X 的存在,你没法完成工作、家庭或学校里该做的事
- 就算 X 导致人际关系出问题,也继续使用
- 由于 X 而放弃重要的社交、事业或娱乐活动
- 不停地使用 X,哪怕它让你置身危险当中
- 需要更多的 X 来达到你想要的效果
- 产生了使用更多 X 方可缓解的戒断症状

在圆点前打钩,一个钩记 1 分。加起来的总分可用于判断你的智能手机上瘾程度是轻微(2~3 分)、中等(4~5 分)还是严重(6~7 分)。

请记住第 1 章里提到的上瘾定义:"上瘾就是哪怕存在不良后果仍持续使用。"上面的小测试其实是《精神障碍诊断和统计手册》里的诊断清单,我和同事们用它来判断人是否出现了物质滥用障碍及其上瘾程度。

你得了多少分? 2016 年,在盖洛普的一轮民意调查里,一半的受访者报告说,他们每小时都要看自己的手机好几次(甚至更频繁)。但跟他们一样,你大概会想:"哎呀,我只是轻度上瘾吧。没什么大不了的。"或者,"反正手机上瘾又不犯罪,对吧?"

不管你现在怎么想,至少,我们可以同意"总得保证孩子们的安全,别让他们碰到重大事故"吧?很好。2012年,本·沃顿在《华尔街日报》的一篇文章中写道,自从 20 世纪 70 年代以来,由于游乐场设施的改进、婴儿门的安装等,儿童伤害率一直在稳步下降。[1]然而,根据(美国)疾病控制和预防中心(Centers for Disease Control and Prevention, CDC)的数据,2007~2010 年期间,5 岁以下儿童的非致命伤害率提高了 12%。iPhone 是 2007 年上市的,到 2010 年,拥有智能手机的美国人数量增长了 6倍。两者是巧合吗?记住:我们的大脑喜欢在事物之间建立联系,相关性并不意味着因果关系。

2014 年,克雷格·帕尔森(Craig Palsson)发表了一篇论文,题为《真智能!智能手机和儿童伤害》(*That Smarts! Smartphones and Child Injuries*)。[2] 他从(美国)疾病控制和预防中心收集了 2007~2012 年间 5 岁以下儿童非致命意外伤害的数据。接着,他聪明地猜测,由于当时只能从刚扩建了 3G 信号网覆盖范围的 AT&T 公司(它是美国最大的固网电话服务供应商及第一大的移动电话服务供应商)购买苹果手机,他可以利用这些数据来判断,苹果手机的使用率提高,是不是在儿童受伤的增长中间接扮演了因果角色。根据全美医院伤情监测数据库,他可以判断提交儿童受伤事故报告的医院,"孩子在受伤时是否位于能够接入 3G 网络的地区。"他发现:一旦各地开始获得 3G 服务,5 岁以下儿童受伤的情况就开始增加(没有家长照看的孩子最容易受伤),这暗示孩子受伤跟智能手机的使用之间存在间接的因果关系。虽然证据尚不确切,但值得更深入的调查。

《华尔街日报》上沃顿在文章里强调了一个例子:一名男子一边带着自己 18 个月大的儿子散步,一边给妻子发短信。等他抬起头来,看到儿子跌跌撞撞地走进了警察正在调解的一桩家务纠纷,警察"差一点就踩到孩子"。

因为被智能手机分了心,误入车流、掉进海里,这样的故事,我们经常读到;这样的视频,我们在 YouTube 上经常看到。2013 年的一份报告发现,2007~2010 年期间,与手机使用有关的行人受伤事件增加了两倍多,这或许也就不足为奇了。[3] 报告指出,2015 年上半年,行人意外死亡人数增加了 10%,增幅为 40 年最大。[4] 几年前,纽黑文市在耶鲁大学校园附近的人行横道上用黄色油漆写了几个大字:"看路"(纽约市也采取了类似的措施)。是现在的入学标准降低了（恐怕不是），还是这些年轻人被手机吸引得连简单的生存技能都忘掉了？

我们怎么变得如此分心

既然奖励式学习带来了选择性的生存优势（也就是，我们学会记住哪里能找到食物、避免危险），科技为什么好像又在做着相反的事情（把我们置于险地）呢？在第2章中，我概述了特定的技术因素怎样把奖励式学习跟我们挂上钩（即刻访问、快速奖励，等等）。

在第3章，我简要地介绍了沃尔夫勒姆·舒尔茨领导的一系列开创性实验，表明当猴子因行为得到奖励（少许果汁）时，其伏隔核就会获得一波汹涌的多巴胺。神经元对这种多巴胺喷射的反应叫作"阶段性发放"（phasic firing），因为它并非连续发生。随着时间的推移，多巴胺激活的神经元会停止这种类型的启动，收到奖励后回到原先低水平的连续激活状态（术语叫作"强直发放"，tonic firing）。一如当前神经科学的理解，阶段性发放有助于我们学会将行为与奖励配对。

这里就是变魔术的地方。一旦行为和奖励配对，多巴胺神经元就改变阶段性发放模式，对预测可带来奖励的刺激做出响应。再把触发因素放到奖励式学习的场景中。我们看到有人抽着烟，突然自己也产生了渴望。我们闻到新鲜烘焙的饼干，自己的嘴巴也因为期待而流出口水。我们看到曾经吼过自己的人正朝相同的方向走来，立刻开始寻找逃生路线。这些仅仅是我们学会跟奖励行为匹配起来的环境线索。毕竟，我们并没有吃饼干，也并没有跟敌人交火。我们的大脑在预测接下来会发生什么。我在患者身上也看到了这样的情形，不管是什么让他们上瘾，只要他们期待下一轮刺激，就会变得坐立不安。有时，他们会在我的诊室里稍微受到触发（回想了一下自己上次复发的情形）。记忆足以让他们的多巴胺流动起来。要是他们不曾掌握驾驭渴望浪头的心理工具，光是观看一部涉及吸毒的电影，就能让他们切入寻找毒品的模式，直到心头的"痒处"因为吸毒而抓挠过。

有趣的是，这些多巴胺神经元不仅在我们遭到触发时进入预测模式，在收到意外奖励时也会启动。这听起来可能叫人糊涂。为什么我们的大脑不管是预测有奖励，还是碰到了没预测到的奖励，都会启动呢？让我们回到第3章中"我很聪明"的例子。如果我们第一次考试得了"优"，从学校回到家，我们不知道父母会怎么反应，因为我们以前从没碰到过这种情形。我们小心翼翼地把试卷递给父母，琢磨接下来会发生些什么。我们的大脑不知道该怎样预测，因为这是一块全新的领域。父母第一次赞许我们，我们大脑里的多巴胺出现大量的阶段性发放，随后引发了前文讨论的整个奖励式学习和适应过程。我们第一次带着"差"试卷回家（父母会怎么想），也会发生同样的事情，这样一点一滴地，我们逐渐映射出了日常世界里发生的大部分事情。

如果我最好的朋友苏茜来敲门玩耍，我预计之后会是段美好的时光。如果她进了屋，突然大发牢骚，说我这个朋友当得太糟糕了，我的多巴胺系统对此没有预料，一时之间抓了狂。下一次我见到苏茜，我大概会更加谨慎一些，或者有所提防，因为我不太清楚我们两人之间的互动会怎样。对手机，这一套是怎么运转的，我们明白了吗？我们对奖励式学习的认识，解释了我们怎么会变得如此反常地过度使用网络（我敢保证，这是一种上瘾般的网络滥用）。因为知道"期待"会使我们的多巴胺喷涌，所以企业便利用这一点，让我们点击他们的广告或应用程序。举一个很恰当的"期待"例子，CNN网站的首页有3条连续的广告，"星球大战帝国冲锋队：他们的信息是什么""青少年消费狂：他造成了什么损害"，以及"为什么普京赞扬特朗普"。这些并不是建立在事实上的信息，网站不会直接说普京因为特朗普"活泼""有才华"而赞扬特朗普，相反，而是用揶揄来调动我们的期待，让我们兴奋起来，启动多巴胺神经元，这样，我们就会去点击链接，阅读相关文章。难怪他们把抓眼球的技术叫作"诱骗点击"。

那么，电子邮件和短信又是怎么回事呢？我们的电脑和电话提供服务，这样，我们每次收到电子邮件时，它都会推送通知。多方便呀！我们当然不想错过来自老板的"重要"电子邮件，对吧？即时消息？那更好了。现在，我甚至不必额外花时间打开电子邮件，就从推特上知道信息已经到了。一条推文仅限于140个字符，这没什么神奇的地方。

这个长度是精挑细选的，因为对这么长的消息，我们会自动读取。不可预测性就打这里来：每当我们意外地听到电话铃声、哔哔声或唧唧声，大脑就会喷出一股多巴胺。一如前文所述，间歇强化带来最有力、黏性最强的学习。打开电子邮件和短信通知，以求随时接听、反应迅速，我们把自己定位得很像是巴甫洛夫的狗，经过训练，狗一听到摇铃铛，就分泌出唾液，期待获得食物。

我想再说得更清楚些。通信技术存在潜在危险的这一部分内容，并非是我反对技术的咆哮。我喜欢电子邮件多过快递或信鸽。很多时候，用短消息回答问题比打一通电话更快速。这些东西能让我们的生活更有效率，更具生产力。我是想把大脑怎样学习，跟我们当前的信息技术在培养怎样的倾向结合起来，这样，我们就能更清楚地了解到自己的分心行为从何而来。现在，让我们把这些信息，跟先前我们对精神模拟掌握的知识串联起来。

模拟失控

在第 3 章中，我们讨论了精神模拟怎样演变成预测潜在结果的途径，以便在存在多个变量时做出更好的选择。如果我们带有主观偏差（按照自己所想或所期待的样子来看待世界），这种模拟就没办法很好地运转。它们不断尝试给出"正确的"解决方案，或者至少与我们世界观有所吻合的解决方案。模拟以何种方式接近老板请求加薪，让会面如预期的那样进展，这毫无疑问是很有益的。可在某些情况下，我们的奖励系统劫持了这类模拟，让我们在本应该照料孩子、完成获得加薪所需工作的时候溜了号。没错，我说的就是"白日梦"。

白日梦是我们注意力脱离手边任务的一个很好例子。比方说，我们正坐在孩子的足球练习场边。所有的孩子都在赛场另一边，没什么特别的事情发生。全家下个月去度假的念头突然冒了出来，一下子，我们就开始沉浸在安排这次旅行之中，或是想象自己正坐在温暖的沙滩上，海风吹来，我们最喜欢的书和清凉饮料摆在一旁，孩子们在水里玩耍着（没错，我们正看着他们呢）。前一个瞬间，我们还在足球练习场上；下一个瞬间，我们已经到了千里之外。

白日梦有什么问题吗？完全没有，对吧。如果我们发现自己正做着安排旅行的白日梦，我们是在进行多任务处理，因为我们还得搞定一些必须做的工作。如果我们最终来到了海滩上，兴许我们正从模拟的太阳里获得一些精神维生素D。那感觉真的挺不错！

我们漏掉了什么呢？让我们来分析一下为度假或其他将来事宜做安排、拟定精神"代办"清单的例子。我们在脑袋里拟定这份清单。这样做可能会带来另一个念头，比如，"天哪，这趟旅行我有好多事情要安排呢"，或者"但愿我没忘掉什么"。最终，我们从白日梦里清醒过来，回到足球训练场上。我们实际上没有拟定出清单，因为旅行还很远，所以我们下个星期又会重复这一过程。从压力导向的角度来看,这种心理模拟能否让我们摆脱不安呢?基本上,不能。情况甚至还会变得更糟糕。

2010年,马特·基林斯沃思(Matt Killingsworth)和丹·吉尔伯特(Dan Gilbert)调查了我们意识走神或做白日梦(用行话来说,叫作"脱离刺激的想法")时会发生些什么。[5]他们使用苹果手机的推送功能,随机抽选了2 200多人在一天当中回答若干问题。他们问:"你此刻正在做什么""你有没有在想某件跟自己正在做的事无关的事情"以及"你现在感觉如何?"(回答的可选范围介于"非常糟糕"到"好极了")。你觉得有多少人会说自己正在做白日梦?准备好听答案了吗?研究人员发现,几乎有50%的时候,人们会说自己从手头任务上跑偏了。足足占了清醒时间的一半!这是一个有违直觉的关键发现:研究人员把快乐与否跟专注于任务还是走神联系起来,平均而言,人们报告说,走神的时候不那么快乐。研究得出结论:"人的意识是爱走神的,走神的意识是不快乐的。"

怎么会这样呢?想着夏威夷,让人感觉很好,还记得,我们预测未来行为时多巴胺会喷涌吗?按照人们的平均评价,做愉快的白日梦,跟当前在进行任务(不管是什么任务)的快乐程度是一样的。但再把所有中性的和不愉快的走神(不足为奇,这些走神是跟快乐程度低挂钩的)算到一起,我们也就得到基林斯沃思和吉尔伯特指出的"意识不快乐"的结论了。趁着我们忙于做其他安排,真正的生活悄然溜走。这样的歌词和俗话,我们听得不少吧?在做白日梦的时候，我们兴许不光让自己陷入了不必要的担心和兴奋状态，还错过了孩子的足球比赛。

所以，我们的大脑似乎天生有着在感觉和事件间形成联系（比方说，夏威夷很好）的线路。预测未来事件，也让我们获得了多巴胺意义上的"奖励"。可要是这些因素汇聚到一起，麻烦就来了：我们不太能控制自己会产生哪一类的想法（愉快还是不愉快的），于是免不了被欢愉或可怕的白日梦席卷而走，从眼前的事情（比如一辆车冲着我们开了过来，或是孩子第一次进球了）上分心。我们该怎么办呢？

良好的老式自控（真的吗）

影迷们很喜欢的电影《浓情巧克力》(Chocolat)，把背景设定在齐斋节（复活节之前的40天）期间一座古朴而宁静的法国小镇。虔诚的镇民们到教堂花许多时间听牧师讲道，牧师总想着让镇民们忏悔自己"有罪"，甚至想让他们放弃日常恶习，比方说巧克力。我们的女主角，朱丽叶·比诺什（Juliette Binoche）扮演的薇安在呼呼的北风中，戴着一顶红色帽子（魔鬼啊）登场了。她开了一家巧克力店，引发了一场大混乱。电影以巧克力作为替罪羊，用正义的自控反对罪恶的放纵。

所有人都有一个"巧克力"的故事。我们每个人都有一种心怀愧疚的愉悦（过度之"罪"），在顺利的日子里，我们会设法控制。比方说，在孩子练习足球时，我们产生了掏出智能手机检查电子邮件的冲动,脑袋里就会响起一个虔诚的天使般的声音:"哎呀,你知道,你应该看着孩子才对。"又或者,我们开着车,听到短信到来的哔哔声,我们着急地想看看是谁发来的,这个声音又会提醒我们:"记住你从电台里听到的话,边开车边发短信,比醉酒驾驶更危险!"多亏了这位好天使相助,我们更投入地参与孩子的生活,也因为有了她,我们不至于沦落为在高速公路上发生车祸的肇事者。

我们听到天使的劝诫这是怎么一回事,你一定很熟悉:这就是在实践老式的自我控制。科学家称之为认知控制:我们用认知来控制自己的行为。诸如认知行为疗法等治疗方式,将这种控制应用到包括抑郁症和上瘾等一系列疾病上。有些人,比如我的好朋友艾米丽,是认知控制的天生榜样。第一个孩子出生后,她的体重比怀孕前增加了30磅。为了恢复原先的体重,她计算了自己每天应该限制摄入的卡路里数,好在5个月里减掉这些肥肉。她把这些卡路里配额安排到每一天当中(包括锻炼后的调整),让每一天的摄入都不超标。接下来就三下五除二地,按计划恢复了孕前体重。她生下第二个孩子后,又把这个过程来了一回:两个月内减掉了15磅。

我们这些家伙会尖叫起来:"这不公平!"要不就是,"我也试过这么做,可完全不成呀!"除了各方面都很出色,在自控这件事上,艾米丽有着《星际迷航》里斯波克那样的思维。我的意思是说,她思考极为讲究逻辑,列出理由就一板一眼地加以执行，不受情绪的困扰。(这可是我们大多数人的烦恼："这太难了，我做不到。")斯波克先生最出名的地方就是在柯克船长意气用事的时候帮他冷静下来。每当柯克船长要将"进取号"引向灾难性的后果时，斯波克会面无表情地看着他，说："非常不合逻辑，船长。"而艾米丽，总能让她的"我很饿"号引擎冷却下来，一直等到第二天，自己的卡路里配额又满了再吃东西。

神经科学家逐渐发现，大脑会把斯波克先生(代表我们的理性思维)跟柯克船长(代表我们充满激情、偶尔欠缺理性的思维)关联起来，在两者之间达成平衡。事实上，丹尼尔·卡尼曼(Daniel Kahneman，《思考，快与慢》一书作者)就因为在这一领域的研究工作获得了2002年的诺贝尔经济学奖。卡尼曼和其他学者将这两种思考方式描述为系统1和系统2。

系统1代表较为原始的情绪系统。跟柯克船长一样，它基于冲动和情绪迅速做出反应。与该系统相关的大脑区域包括中线结构，如内侧(medial，意思是居于中间)前额叶皮层和后扣带皮层。如果发生了某件跟我们相关的事情，比如想到自己、做起了白日梦、渴望某物，这些部位会持续激活。[6]系统1代表"我想要"的冲动，以及内心的直觉(瞬间印象)，卡尼曼称它为"快"思考。

系统2是更近期演化出来的大脑部位，代表我们更高级、使得人类独一无二的能力。这些功能包括计划、逻辑推理和自我控制。这一系统的大脑区域包括背外侧前额叶皮层。[7]如果说瓦肯星人的大脑与人类相似,那么,斯波克先生的背外侧前额叶皮层的功能就像一列货运列车——低速稳定,让他始终停留在轨道上。我们可以这么想,"慢速"的系统2代表的是"这与我无关,是必须要做的事情"这类思维。

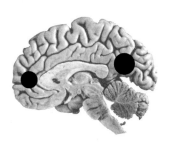

系统1：内侧前额叶皮层（左）和后扣带皮层（右），是大脑的中线结构,属于参与涉及自我指涉、冲动反应的大脑系统。

《浓情巧克力》里备受镇民喜爱的镇长雷诺,是自控的榜样,他克制自己不吃美味的食物（羊角面包、茶和咖啡,都在禁止之列,他平时喝热柠檬水）,不对自己的秘书卡罗琳动歪脑筋。我的朋友艾米丽和斯波克先生会为他感到骄傲的！随着电影的推进,他和自控之间面临着越来越大的矛盾。有时候,那是一场明显的抗争,但他总能大汗淋漓、咬紧牙根熬过去。

复活节前一晚,镇长看到另一位自控的榜样,卡罗琳从巧克力店走了出去。他深信薇安和巧克力店正在摧毁自己的模范小镇,他失去了镇定,闯入她的商店,破坏起她橱窗里展示的享乐主义和腐朽之作。在战斗中,一抹巧克力奶油溅到他嘴唇上。他一舔之下,自控力突然绷断了弦,狂欢般地大吃起来。跑到巧克力店里打砸抢的人想来不多，但我们有多少人曾经清空过冰箱，扔掉了自己最爱的冰激凌？

系统 2：背外侧前额叶皮层，位于大脑外侧，参与认知控制。

镇长（还有我们这些跟艾米丽、斯波克先生不一样的人）这是怎么了？系统 2 是大脑里最年轻的成员，一如任何团体或组织的新成员，它发出的声音是最无力的。那么，当我们受到压力、耗尽体力的时候，猜猜大脑的哪个部分最先遭到放弃？系统 2。耶鲁大学神经科学家艾米·阿恩斯滕（Amy Arnsten）这样形容："哪怕是非常轻微的突发不可控压力，也有可能使前额认知能力迅速而剧烈地丧失。"⁸ 换句话说，在日常生活中，不需要太多压力就会叫人偏离正轨。

心理学家罗伊·鲍迈斯特（Roy Baumeister）把这种压力反应称为"自我损耗"（ego depletion，或许他有点讽刺的意思吧）。近来的研究工作支持这一设想：就像一辆汽车，油箱里的油刚好只够维持前进所需，我们自控力油箱里的油，也刚好只够维持每天日常使用。具体地说，鲍迈斯特的团队发现，在多种不同类型的行为中，"资源损耗"（也即油箱里的油快用完了）都直接影响着人抵挡欲望的可能性。

在一项研究中，鲍迈斯特的研究团队用智能手机跟踪调查人们的行为，以及对各种诱惑（包括社交接触和性行为）

的渴望程度。⁹电话随机询问他们当前是否存在渴望,或者,过去 30 分钟里是否产生过渴望。参与者评价渴望的强度,它是否干扰了其他目标,他们能不能抵挡渴望。研究人员发现,"参与者越是频繁地抵挡前一种欲望,就越难成功抵挡随后产生的其他欲望。"《浓情巧克力》中的镇长面对着大量其他挑战,每一种兴许都在耗用他油箱里的汽油。请注意,他是在什么时候失控的:是在晚上,处理了一桩重大小镇事务之后,他的油箱空了。有趣的是,鲍迈斯特的团队发现,"虽然人会努力抵挡",但使用社交媒体的渴望"尤其容易让人采取行动"。现在,我们已经对分心设备(手机、网络)的上瘾性质有了更好的认识,这一点大概也没那么叫人吃惊了。

那么,我们这些并未配备完善系统 2 的绝大多数人,还有指望吗?一如阿恩斯滕暗示,加满系统 2 的油缸或许有帮助。确保睡眠充足、吃饱肚子等简单的事情,对此不无裨益。当然了,控制压力水平恐怕是另外一回事。

既然光靠"想"找不到幸福之路,陷入做打算或其他类型的白日梦里反而会提高压力水平、增加生活里的脱节感,那么,看看这些流程怎样运作(理想中和实际中),应该是朝前迈进的第一步。看看我们没把注意力放在亲人或孩子身上时会发生些什么事,有助于澄清我们从分心中获得的实际奖励。请拿出我们的压力指南针,留心哔哔声,这能帮助我们及时退后一步,而不是又一次被牢牢地黏在手机屏幕前。

CHAPTER 5

第 5 章
思考上瘾

> 有一种最严重的瘾,你从没有在论文中读到过,因为对它上瘾的人根本不知道它——这就是思考上瘾。
>
> ——艾克哈特·托勒(Eckhart Tolle)

我最初学习冥想时,有一种练习方法是把呼吸视为客体对呼吸给予关注。这么做的目的是,借助这一锚点,帮助我的意识停留在当下,不漂移。指导规则很简单:关注呼吸,如果思绪游离,就把它拉回来。船要是开始漂走,锚牢牢地固定在海底,船就漂不走。我记得有一次去了内观禅修社(Insight Meditation Society,这是一家备受敬重的禅修中心,由约瑟夫·戈尔茨坦、莎伦·萨尔斯堡、杰克·康菲尔德三人创办)待了9天,学习关注呼吸。除了静寂和呼吸,什么也没有。更妙的是,内观禅修社坐落在马萨诸塞州的巴里,我12月去的,完全没有到森林里散散步的分心念头。实在太冷了。

禅修本身很艰难。冥想期间,我穿着T恤也流汗不止,一碰到机会就打盹儿。我感觉自己像是《浓情巧克力》里的镇长,在跟我自己的魔鬼角力。不管我怎么尝试,都没法让自己的想法受到控制。如今,当我回看那次禅修的重头戏,有一个场景总能让我笑出声。我和主持该轮禅修的越南僧人做了一番私人对话。通过翻译,我告诉他自己怎样尝试了这种或那种技巧,想把杂念赶走。我还告诉他,在冥想过程中,我整个身体都发烫了。他点点头,微笑着,通过翻译,说:"很好,这是在烧掉镣铐!"我的教练,觉得我做得挺不错,在下一轮战斗铃声响起之前,对我说了好些鼓励的话。

当时我不知道,但我其实正对一样东西上瘾——思考。很长一段时间以来,我都会被自己的念头引诱,沉迷于它。一旦我认识到这种倾向,许多"谜"就解开了。普林斯顿的招生视频名为《重要的谈话》。没错,我想上一所能跟室友们聊天直到凌晨的大学。我上了(行为),感觉很好(奖励)。我总是准备好要迎接挑战,考完试之后甚至会回去重新解决考场上弄错了的合成有机化学题。在论文实验室工作期间,我为了制造出新的有机分子,完成了一系列的合成步骤。提纯了新的化合物,确定实验是否按计划推进之后,我不断地浏览数据,来来回回地咨询指导老师,为结果提出不同的设想。到了某个关头,我一时醍醐灌顶,终于弄明白了。我冲过去给指导老师看,他由衷地说,"干得好!"肯定了我的结论。我对自己能想明白结果感到非常自豪,一连好几个星期,碰到实验室里的沉闷时光,我都会拿出数据,盯着它们重温那次体验。

快进到我的医学和研究生时代,那里强调的是迅速而清晰的思维。在医学院,住院医师督导和教授经常就我们的知识进行提问，或者说"挑衅"，[1]如果我们给出正确答案，就会得到赞许（奖励）。和我撰写本科毕业论文时一样，在研究生院，我们也会因为解决了科学问题，在海报或者大会讲演上展示结果而得到奖励。终极奖励是看到自己的研究通过了同行评审：公开出版。我花了太长的时间沉迷于自己带有主观偏差的世界观：要是审稿人没有看出我们工作的辉煌之处，就咒骂他们；要是审稿人看出来了，就赞美他们。当我在研究生院碰到难熬的日子，我会拿出自己的论文，一直盯着它们，感受看到自己的研究（还有自己的名字）变成铅字那一刻带来的兴奋之情（就像我本科时反复咂摸自己的数据一样）。

说回巴里，我在那儿的禅修过程中，大冬天里汗流浃背，如同热锅上的蚂蚁。我以为我应该停下思考。我尝试阻止自己一次又一次为之获得奖励的东西。我的思绪像一艘正在高速巡航的巨船。在背后的一整套惯性之下，光是沉下锚点还不够用。

思考不是问题

在普林斯顿，我的有机化学教授和未来的指导教师（小梅特兰·琼斯，Maitland Jones Jr.）以出色的教学工作著称。这是一件好事，因为有机化学常被人看成是一堂乏味的课程，尤其是对医学预科生来说，它要靠"忍着熬过去"，而非人人都想上。但有机化学又是申请医学院的先决条件，学生们不得不上。为了增添趣味，整整一学年里，学生们都爱对琼斯教授搞恶作剧。这些恶作剧都是些无关痛痒的小淘气，比如说，因为他劝诫（这一点也没错）一名学生别在上课的时候看报纸，整整一个星期，上课刚开始的时候所有人都假装在看报纸（想象一下，整整两百名学生一起这么做）。我很开心地参与了这些恶作剧，甚至还为一些恶作剧出谋划策。

有机化学的第二个学期末，琼斯教授把我叫到他办公室。不久之前，我跟另一个学生往他心爱的黑板上喷了烹饪喷雾剂。那天，他走进教室，意识到要花上好长时间才能画好合成路径分析图之后，他对哪些恶作剧可以接受、哪些不可接受发了一大顿的牢骚。他结尾的话是这么说的，"不管是谁做的这事儿，我都该把他给赶出去。"显然，我们的恶作剧是"不可接受"的。那堂课之后，我和朋友坦白了，清理了烂摊子。我们已经赔礼道歉了呀。那为什么还把我叫到他的办公室呢？

我走进他的办公室，他把我叫到办公桌前，示意我看他面前摆的东西。我不知道要发生些什么。我看到一张电脑打印的表格，面上还盖着另一张纸。他缓缓地把面上的纸往下拉，好让我看到最上面的一行。这是他的班级成绩单。我真的很困惑。他为什么让我看这个？然后他又往下滑了一点：#1.贾德森·布鲁尔，A+。"祝贺你啊，"他高兴地说，"你得了最高分！你很努力。"我很喜欢有机化学，但这场面却从没料到过！那一刻，我的伏隔核一定像圣诞树般亮了起来，多巴胺喷涌而出。我坐上过山车：战栗、兴奋，说不出完整的话来。为什么我能如此详细地把这件事写下来呢？因为这就是多巴胺的作用：它帮助我们建立起依赖于情境的记忆，尤其是在不确定的时候。嘭，大脑里放起了烟花。

我们大多数人都能回想起人生中的美好瞬间。伴侣说"我爱你"时眼睛的样子，在我们的记忆里是那么生动而清晰。我们记得自己第一个孩子在医院里出生时的每一件事。我们还会重温这些经历的感受，伴随这些事件而产生的情绪战栗。碰到这种时候，我们不妨感谢大脑做了一件很棒的工作。

很明显，我们生来就能记住对自己重要的事情，这一点本身不是问题。这种能力是一种生存机制，有了它，我们更容易记住食物的位置（对我们的史前祖先而言），有了它，我们能撑过研究生阶段的闹心煎熬。思考同样不是坏家伙。在学校解决数学题，或是在工作上构思出一笔新的交易，都有助于我们生活的进步。规划一段假期，有助于它的发生，如果我们不事先买机票，很难飞到巴黎去。

不过，我们逐渐明白多巴胺这位小助手在怎样的情况下会碍事。当主题是"我"的时候，我们会花太多心思在Instagram上发布照片，浏览Facebook。当我们受到主观偏差的蒙蔽时，我们的模拟无法正确做出预测，只是白白浪费时间和精神能量。我们不安或无聊的时候，会陷入美好的白日梦，比如自己的婚礼，或者安排别的什么令人兴奋的事情。

换句话说，思考以及与它相关的一切（模拟、规划和记忆）都不是问题。只有当我们沦陷于此时，它才成了问题。

绊倒在想法上

洛瑞·"洛洛"·琼斯（Lori "Lolo" Jones）是一名奥运跨栏选手。1982年，她出生于艾奥瓦州，创下了100米栏的全美高中纪录，并在路易斯安那州立大学11次入选全明星队。2007年，她赢得了自己的第一个美国室内冠军，随后又在2008年获得了室外锦标赛冠军，并成为奥运选手，表现很不错。

2008年的北京奥运会上，琼斯跑得很好，进入了100米栏决赛。接着发生了些什么？路易斯安那州记者凯文·斯佩恩（Kevin Spain）这样描写那场决赛。

> 到了第三栏，洛洛·琼斯追上了对手。到了第五栏，她冲到了最前面。到了第八栏，她马上就要完成奥运会女子100米栏的决赛了。
>
> 这位前路易斯安那州立大学的优秀选手，距离奥运金牌，还有她4年来的追求、她一辈子的梦想，只剩两道跨栏、九次跨步、20米远了。
>
> 然而，灾难就此降临。[2]

琼斯被第九栏给绊了一下,所以,她没能赢得奥运金牌,只获得了第七名。4年后,她接受《时代》杂志采访时说:"我正进入一种神奇的节奏……我知道自己马上就要赢得比赛了。不是那种,'哎呀,我要赢得奥运金牌了。'而是就像普通的又一场比赛而已。可那之后,又出现了一个时间点……我对自己说,要保证把腿抽出来。所以我抽腿的动作做得过了头。我收得太紧了。就在这时,我绊到了跨栏。"[3]

琼斯的经历,很好地说明了"思考"和"着迷于思考"的区别。比赛期间,她脑袋里有很多想法。只有当想法开始给她造成妨碍(也就是说,告诉自己要把技术做正确)的时候,她才"动作做得过了头"。她不折不扣地绊倒了自己。

在体育、音乐和商业领域,成功可以浓缩为一场比赛、一次表演,或是一个瞬间。做好准备、接受指导和反复训练,直至最终掌握,这真的很有帮助。接着,等重要的关头到来,教练告诉我们,只要去做就好了。他们说不定会微笑着说,"玩得开心点儿,"好让我们放轻松些。为什么呢?因为如果我们太紧张,就无法在比赛里跑出最好成绩,或是完成一轮精彩的音乐表演。因为"做得过了头",琼斯"收得太紧",绊倒了。

这种"收紧",能为我们提供一些线索,说明人沉迷于自己的想法时会发生些什么。从经验上讲,这种纠结在心理或者身体上都感觉像是紧握、抓紧或紧绷。试试这个思想实验吧：想象一下，我们花了15分钟兴奋地向同事详细地解释一个新构思，可他却嗤之以鼻地说，"这真是个愚蠢的念头！"这时候会怎么样？我们会不会沉默地走开，并在接下来的几个小时里反复咀摸这次经历？由于我们无法松开这次痛苦经历带来的紧张感，到了一天结束的时候，我们会不会感觉肩膀僵硬？如果我们无法摆脱它，那会怎么样？

已故心理学家苏珊·诺伦－霍克斯玛（Susan Nolen-Hoeksema）很想知道，当人们"反复且被动地思考自己的消极情绪"时会发生些什么。[4] 换句话说，当人们陷入所谓的"反刍式反应方式"（ruminative response styles）时会出现什么情况。还是用上文的例子，如果我们对同事的评论（也即"这真是个愚蠢的念头"）做出反刍式反应，那么，我们或许会陷入担忧，怕它真是个愚蠢的念头，进而认为自己所有的想法都很愚蠢。（通常，我们要么忽视同事的评论，要么同意这是个蠢念头，并放弃它）。

毫不奇怪，一些研究表明，随着时间的推移，感到伤心时以这种方式回应的人会表现出较高水平的抑郁症状。[5] 反刍（陷入反复思考的循环）甚至可以用来预测慢性或持久性的抑郁症。长久以来，在临床医生和研究人员当中，反刍都是个争议性主题。有人提出了若干论点，认为它具有某种选择优势，但尚未有一种论点能让大多数人满意，在该领域达成共识。从奖励式学习的进化观点来看，是否有助于填补一定的空白呢？有没有可能，反刍是对特定思考方式"上瘾"(哪怕有不良后果仍继续使用)的又一个例子呢?

最近有一项名为《悲伤也可以选择?抑郁时的情绪调节目标》(*Sad as a Matter of Choice? Emotion-Regulation Goals in Depression*)的研究,研究员伊尔·米尔格拉姆(Yael Millgram)和同事们让抑郁症患者和非抑郁人士观看开心、悲伤或无关情绪的照片,接着让他们选择是再看一遍前述照片,还是看黑色屏幕,最后,又请他们给自己的情绪打分。[6]对两组受试者来说,看到开心的照片唤起开心,看到悲伤的图片唤起悲伤,很是直接明了。但有趣的地方马上要来了。和非抑郁症患者相比,抑郁症患者选择看开心图片的次数并无差异,但抑郁症患者选择看诱发悲伤图片的次数却明显更多。身为优秀的科学工作者,米尔格拉姆和他的团队找来新的参与者,按同样的设置重复了实验,只不过,这一次不是看诱发开心或悲伤的照片,而是听开心和悲伤的音乐片段。他们发现了同样的效应:抑郁症患者有更大概率选择再次听悲伤的音乐。

接下来,他们又向前推进了一步。他们想知道,如果为抑郁症患者提供一种认知策略,让其自我感觉好转或恶化,那会怎么样。患者们会选择哪一种?最后一轮的参与者接受了训练,他们了解到面对情绪刺激怎样增强或降低自己的反应。而后,研究人员给他们看跟第一轮实验中相同的开心、悲伤和无关情绪的图片,并请他们选择策略:让自己更开心,还是让自己更悲伤。我们可以猜出这个故事的结局。没错,抑郁症患者不会选择让自己感觉更好些,而是会选择让自己感觉更糟糕。对于没有抑郁症的人来说，这听起来似乎很奇怪。但对于那些患了抑郁症的人来说，这听起来甚至感觉起来很熟悉。他们兴许更习惯这样的感觉。这是一件合身的毛衣，因为穿得太久了而变得跟他们的身体无比契合。反刍有可能成了一种思考模式，抑郁症患者对它们的强化已经到了涉及自我认同的程度。**是的，这就是我：我是那个抑郁的家伙**。米尔格拉姆和同事们说："他们可能受到激励，通过感受悲伤来验证情绪自我。"

我们的默认模式

我们现在有了一些线索，能把人沉迷的思考方式与大脑怎样运作联系起来了。我们先从白日梦入手。玛丽亚·梅森（Malia Mason）和同事们研究走神时大脑里发生了些什么。[7]他们训练志愿者熟练地完成某些任务，尤其是那种枯燥得"能叫人走神"的任务，从而比较志愿者从事此类任务时和从事新颖任务时大脑的活动。研究人员发现，在执行娴熟任务时，受试者的内侧前额叶皮层和后扣带皮层比执行新颖任务时更为活跃。回想一下，大脑的这些部位，就是卡尼曼系统1中所涉及的大脑中线结构，一旦发生跟自我相关的事情（如想到自己，或渴望抽烟）就会激活。事实上，梅森的研究小组发现，走神频率和这两个脑区的大脑活动有着直接的相关性。与此同时，丹尼尔·韦斯曼（Daniel Weissman）领导的一支研究小组也发现，注意力缺失与这些大脑区域的活动增加有关。[8]我们的注意力失效、我们做起了白日梦，或是我们开始考虑过一阵需要做什么事，这些大脑区域就亮了起来。

内侧前额叶皮层和后扣带皮层构成了所谓"默认模式网络"（default mode network）的骨干。默认模式网络的具体功能还有所争议，但因为它在自我指涉处理上有着突出作用，我们可以把它想成是"我"网络：把我们自己，跟我们的内外世界连接起来。例如，回想起特定场景下的自己，从两辆车里选择购买哪一辆，判断某个形容词是否很好地描述了自己，都会激活默认模式网络，这可能是因为上述想法有一个共同的特点：它们涉及了"我"，**我记得，我决定**。

听起来这似乎有点让人糊涂，我们最好是从发现这一神经网络的故事说起。2000年左右，圣路易斯华盛顿大学的马克·赖希勒（Marc Raichle）和同事们在偶然间发现了默认模式网络。之所以是偶然，因为他正用研究小组称之为"静息状态"的任务，充当自己实验里的基准对比任务。他用功能磁共振成像比较受试者执行两种任务期间血流的相对变化。我们测量状态A下的大脑活动，减去状态B（基准）下的大脑活动，就得到了一个相对测量值。这个过程有助于控制人每天大脑活动的基准差异，以及不同的人做同一活动之间的基准差异。赖希勒的研究小组使用的是一种任何人无须练习就能做到的简单方法。研究人员指示说："静静地躺着，什么也别做。"这就是静息状态，也就是基准。

当科学家们开始观察"网络连通性"(network connectivity,也即大脑区域同时激活或丧失激活的程度)时,神秘的事情出现了。按照假设,不同脑区启动的时机若是紧密同步,那么,它们很可能是"功能耦合"的,也就是说,它们彼此之间的沟通程度,强于不耦合的其他任何大脑区域。赖希勒的小组一再发现,在静息状态下,内侧前额叶皮层和后扣带皮层(及其他区域)似乎正在彼此交谈。但我们静息时本来就不该做任何事才对呀?这是个很大的问题。赖希勒是一位非常谨慎的科学家,他一次次地重复了自己的实验和分析。他累积了好几年的数据,最终于 2001 年发表了第一份报告,题为《内侧前额皮层和自我指涉心理活动:与大脑功能的默认模式的关系》(*Medial Prefrontal Cortex and Self-Referential Mental Activity: Relation to a Default Mode of Brain Function*)。[9]

接下来的几年里,跟梅森和韦斯曼类似的报告发表得越来越多,表明默认模式网络、自我指涉处理和走神之间存在相关性,它们之间可能存在联系。这跟基林斯沃思的研究(也即我们一天中有半天都在走神)完美地契合:或许,如果我们在默认状态就是要做白日梦的话,"默认模式网络"这个名字就起得恰如其分。赖希勒的开创性论文发表 10 年后,麻省理工学院神经科学家苏·惠特菲尔德 – 加布里埃利(Sue Whitfield-Gabrieli)彻底终结了这种不确定性。[10]她设计了一项简单明了的实验:让人们执行明确的自我指涉任务(观察形容词,判断这些词是否可用来描述自己)和静息状态任务（不做任何事）。她并未以静息状态作为基准，而是对两者进行直接比较，发现两者都激活了内侧前额叶和后扣带皮层。这项研究听起来也许有些枯燥乏味，但神经科学领域的直接比较和复制研究是很难出头的。还记得新颖性和多巴胺吗？跟宣布发现了新东西的论文比起来，科学家和编辑们在审查肯定了前人研究的论文时恐怕没那么兴奋。

惠特菲尔德-加布里埃利把自我指涉思想跟默认模式网络活动联系起来的时候，我的实验室正在研究资深冥想者大脑里发生着什么。我在临床研究里看到了一些很有意义的结果，也想知道冥想对大脑活动到底有没有影响，有着怎样的影响。我们开始比较新手和资深冥想者的大脑活动。资深人士平均实践了冥想 10 000 小时以上，而新手只是在做磁共振成像扫描的那天早上，接受我们的指导，他们学习了 3 种冥想。

我们教新手 3 种很出名的常见正规冥想：

1. 呼吸觉知：关注你的呼吸，一旦走神，就把思绪拉回来。

2. 慈悲冥想：回想你某次真心希望别人好的经历。以这种感觉作为焦点，默默地祝愿众生，一遍遍地重复你选用的几个短语。例如：愿众生幸福，众生健康，众生免于伤害。

3. 无选择意识：关注你意识到的一切，不管它是一种想法、情绪，还是身体上的感觉。一直跟着它，直到另外的东西进入你的意识,你不必坚持到底,也不用改变它。只要有别的东西进入你的意识,你就注意它,直到新的事情出现。

为什么选择这3种冥想方式呢?我们想看看它们有什么共同点。我们希望,研究的结果可以带来一副打开门径的把手,让我们窥见不同思考及宗教社群所共有的普遍大脑模式。

然而,当我们考察整个大脑时,却找不到资深冥想者有哪一个特定的脑区表现出比新手更强的活跃度。我们挠了挠脑袋,又看了一遍,仍然没发现任何东西。

于是我们开始观察资深冥想者有没有哪个大脑区域的活跃度比新手降低了。找到了!我们发现了4个这样的脑区,其中两个是内侧前额叶皮层和后扣带皮层,也即默认模式网络的中心枢纽。许多周边脑区与之相连。[11] 它们就像是连接了全国各大航空公司不同航班的枢纽城市。我们从结果中所看到的这些大脑区域的参与,不可能纯属巧合。

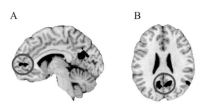

默认模式网络在冥想期间活性降低。A,在冥想期间,资深冥想者的内侧前额叶皮层(头部侧视图的圆圈区域)和后扣带皮层(PCC)表现出较低的活跃度。B,后扣带皮层的另一种视图(顶视图的圆圈区域)。

大脑中心的会聚

在赖希勒的带领下,我想对我们的发现保持审慎态度。更重要的是,我希望重复我们的实验,以确保所发现的不是统计上的侥幸,或仅仅是少数禅修人士才能做到的事情(每组仅有 12 人)。我们着手招聘更多经验丰富的冥想者,与此同时,我还跟一位同事谢尼奥斯·帕帕德米特里斯(Xenios Papademetris)提起,我不光想做一场完全一样的重复研究。

谢尼奥斯 2000 年从耶鲁获得电气工程博士学位之后,用了 10 年时间,设计了一种新颖的方法,改变医学成像。我碰到他的时候,他开发了一套完整的生物成像套装软件,免费提供给研究人员处理和分析脑电图和核磁共振成像数据。眼下,谢尼奥斯正跟低调的高个子研究生杜斯汀·切诺斯特(Dustin Scheinost)合作,加速整个流程,好让研究人员和受试者能实时看到核磁共振成像结果。他们实际上正在制造一种全世界最昂贵的神经反馈设备,能让人立刻看到自己大脑的活动,并从中得到反馈。这份高价是物有所值的。来自核磁共振成像扫描的神经反馈,带来了前所未有的空间准确性:脑电图等设备只达到了皮肤层面,而谢尼奥斯的设备,则能够给出大脑任意位置花生仁大小的一块区域的局部反馈。

我对谢尼奥斯和杜斯汀的实时核磁共振成像神经反馈技术做了检验:我钻进核磁共振成像扫描仪里冥想,同时观察自己后扣带皮层的活动图。基本上，我面朝天躺在核磁共振成像仪里，睁着眼睛做冥想，每隔几秒钟就能看到大脑活动图绘测的变化。我围绕一样东西（比如自己的呼吸）进行冥想，过上短短一段时间之后，我会查看图形，看看它与我的经验是否吻合，接着再切入冥想。由于大脑活动是相对于基准条件来测量的，我们设计了一套程序，我能从扫描仪的屏幕上看到形容词 30 秒，就像惠特菲尔德 - 加布里埃利在她的实验里做的那样。30 秒后，图表开始出现，显示我后扣带皮层的活动是增加还是减少。随着扫描仪测量我的大脑活动并更新结果，每隔两秒，新的竖条就会刷新之前的竖条。虽然核磁共振成像测量大脑活动时信号会稍有延迟，但整个程序的效果好得惊人。我可以将自己的主观冥想体验跟大脑活动进行几乎实时的挂钩。

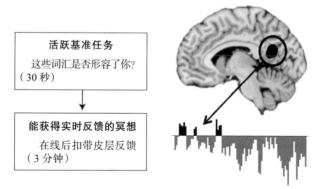

神经反馈协议图示。参与者完成冥想（实时反馈）之后，会执行活跃基准任务。冥想期间，后扣带皮层的信号变化百分比（根据大脑全局活动加以校正）实时计算并绘测出来。

对这套新设备做了无数次前导检测之后，我们安排了第二轮冥想研究，基本上跟第一轮差不多：参与者要以呼吸为冥想的主要对象。但这一次，我让他们在冥想时实时接收核磁共振成像的神经反馈：睁开眼睛，关注呼吸，时不时地查看图表，看看大脑活动与呼吸的觉知是否吻合。这样，我们就可以更紧密地把参与者的主观体验与其大脑活动联系起来。以前，我们要等到参与者做完一轮冥想之后，再询问他们的冥想体验如何，比如在关注呼吸时是全神贯注还是分心了。我们没有办法实时分析他们的数据，更别说同时向参与者展示他们的大脑活动了。在5分钟的冥想期，每个瞬间都有大量的事情发生。而一旦计算平均的大脑信号，所有这些瞬间就都被混合到了一起，而且往往还得等到收集数据的几个月以后。我们想看看能不能更准确地把握特定瞬间发生了些什么。大脑在特定瞬间的活跃程度如何？我们逐渐走进了一个名为神经现象学的研究领域：探讨人瞬时主观体验与大脑活动之间的结合。我们来到了认知神经科学领域尚未绘测的版图。

接下来的两年，是我职业生涯里最有趣也最叫人兴奋的一段时期。我们从几乎所有报名参加神经反馈研究的人那里都学到了一些东西，不管是新手，还是资深冥想者。聚焦于后扣带皮层的反馈（按照设计，我们一次只从一个脑区获得反馈），我们基本上能够实时地看出新手和资深冥想者大脑活动有着实质性的差异。比方说，我们看到新手做冥想时后扣带皮层活动出现大量变化，他们事后立刻就会报告:"是的,我的思绪散乱,你看,在这里,这里,还有那里(指着图标中具体的点说)。"

因为平时练习并不会看着自己的大脑活动,资深冥想者必须先学会怎样看着图来冥想。毕竟,一边冥想,一边看到自己的精神活动,这可不是什么寻常的体验。比方说,一开始,我们会看到柱状图的上升,因为资深冥想者要先适应这种情况(也即眼前展示着一幅很叫人分心、很诱人的图表),过了一会儿,随着他们逐渐进入冥想状态,不再受到诱惑,柱状图就开始走低了。想象一下,从他们的角度看这是怎么一回事:面前的图表正展示着大脑在自己践行了数十年的活动中做出怎样的反应,同时,还得保持对呼吸的关注。

资深冥想者学习一边冥想一边实时地看着自己的大脑活动。水平线上方的黑色竖条表示后扣带皮层的活动增加,下方的灰色竖条表示冥想期间后扣带皮层活动下降(都以基准活动为参照。基准活动指的是判断特定形容词是否形容了自己)。每一竖条代表两秒钟的测量值。

资深冥想者进行的其他实验轮次,先是显示后扣带皮层活动的长期下降,接着出现一个高峰,紧接着又是一次下降。他们会报告自己的冥想进展顺利,但对照图表或产生一个念头(比如,"看看我做得多棒"),这种中断便会使大脑活动大幅度增加。

专栏 2

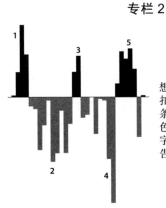

图中显示了一位资深冥想者接收神经反馈期间后扣带皮层的活动。黑色竖条表示大脑活动增加，灰色竖条表示活动减少。数字与他完成本轮冥想后报告的主观体验相对应。

这里有一位资深冥想者一边观察自己的大脑活动，一边完成了一轮短时（1分钟）冥想。冥想结束后，他立刻报告了自己的主观体验，跟图中显示相吻合。

1. 一开始，我控制好自己，有点像是在猜单词什么时候才结束（基准任务），冥想什么时候开始。大致上，我差不多像这样："好吧，准备好了，开始！"结果接下来又冒出来了一个单词，我会想："哎呀！"所以，你就看到了这个（黑色）尖峰……

2. ……接着，我立刻安静下来，我真正进入了冥想……（第一轮灰色竖条）

3. ……接着我想，"天啦，这真神奇……"（第二轮黑色尖峰）

4. ……然而我又想，"好啦，等等，别分心，"于是我又恢复了冥想，它又变（灰色）了……（第二轮灰色竖条）

> 5."哦,我的天哪,这太令人难以置信了,它真正在跟踪我的思想,"于是它又变成(黑色)了……(最后一波黑色)

我们发现,有些新手的大脑活动看起来更像资深人士。有些人就是天生更关注当下,不沉迷于自己的故事,能够稳步减少后扣带皮层的活动。出于同样的原因,我们发现有些资深冥想者的大脑模式更类似新手:他们的瞬时大脑活动到处乱跑。最有意思的是,新手和资深冥想者都报告从自己的体验里学到了一些东西,尽管这次实验事先并不是为了学习而设计的。它的目的仅仅是证实我们之前所得的结果(也即冥想与后扣带皮层活动减少相关)。

例如,有几个新手的大脑在头3轮冥想里后扣带皮层活动大量增多。可突然,到了下一轮,他们大脑的活动表现出大幅下降。一名新手报告说,他"更多地关注身体感觉,而不是老想着'出'和'进'(呼吸)。"另一名新手报告说,活动下降与"更放松"的感觉相关,"就像是不再挣扎着防止思路走神。"

这些人利用大脑的反馈来纠正自己的冥想。类似"洛洛"·琼斯因为过度紧张,"收得太紧"而绊倒自己,参与者实时地从我们的模型里看到了"尝试片段"(这么说吧,也就是他们觉知的质量或态度)里包括了些什么因素。这些结果使我们重新审视了冥想概念。

收集到这一不可思议的神经现象学数据之后，我们把它们全部交给了布朗大学的同事凯西·克尔（Cathy Kerr），还有帮助她的学生胡安·桑托约（Juan Santoyo）。胡安事先并不知道我们的测试方法或目标，对我们的假设（也即后扣带皮层活动减少与冥想相关）一无所知。因此，他是个完美的助手，可帮忙逐字转录主观报告，标记实验中后扣带皮层活动减少什么时候出现，将之分类到"注意力集中""观察感官体验""分心"等体验名目之下。在对参与者的主观体验进行分类之后，胡安还可以为参与者的大脑活动打上时间戳记，将不同的体验按顺序排列。

结果

这项实验的结果表明两件事。首先，它们确认了从前研究所发现的后扣带皮层活动情况（根据大量参与者做了平均）：一如梅森和韦斯曼的研究表明，当人们集中注意力时（本例中是冥想期间），它减少；当人们分心或走神时，它增多。这种"主动控制"很好地将我们的范式与此前的研究联系了起来。不过，它似乎并未说明冥想和后扣带皮层活动有些什么独特之处。

这时出现了第二件事（也是令人惊讶的一点）。胡安分类的一个名目叫作"控制"，意思是尝试控制自己的体验。这一活动对应着扣带皮层活动的增多。另一项标签为"毫不费力地做"，与后扣带皮层活动减少相关。放到一起看，这些数据揭示了与后扣带皮层活动相对应的主观体验模式：不是感知到某一物体，而是我们怎样与它相关联。从某种意义上说，如果我们试图控制一种情况（或是我们的生活），我们就必须做某件事来获得想要的结果。相比之下，我们放轻松，进入一种有点像是跟物体共舞的态度，随着局面的展开，跟着它，不使劲也不纠结，我们不挡着自己的道，我们休息，同时又觉察到此时此刻正在发生些什么。

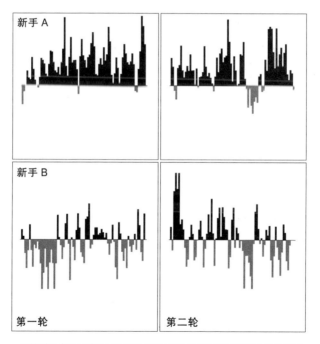

冥想新手通过实时磁共振成像神经反馈了解到冥想的细微差别，表现出后扣带皮层活动的减少。在为时3分钟的实验里，参与者一边睁大眼睛冥想，一边看到后扣带皮层活动。后扣带皮层活动相较于基线增多，显示为黑色；减少显示为灰色。每轮实验后参加者报告个人体验。

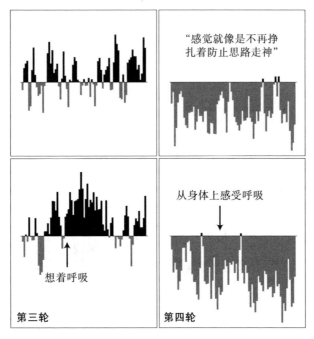

冥想新手通过实时磁共振成像神经反馈了解到冥想的细微差别，表现出后扣带皮层活动的减少。在为时 3 分钟的实验里，参与者一边睁大眼睛冥想，一边看到后扣带皮层活动。后扣带皮层活动相较于基线增多，显示为黑色；减少显示为灰色。每轮实验后参加者报告个人体验。

我们汇总研究发现之后，我请惠特菲尔德 - 加布里埃利博士对我们的数据提一些补充性的意见。我们都同意，资深冥想者不像新手那样频频沉迷于走神。这方面的体验从前有人报告过吗？我们答应一起合作，浏览从前发表过的所有跟后扣带皮层活动相关的论文。我和博士后同事凯蒂·盖里森（Katie Garrison）一同梳理了文献，收集了大量报告后扣带皮层活动变化（不管是任务还是范式）的研究。

最终，我们弄出了一份看似大杂烩般的长长清单，包括了赖希勒的静息状态、梅森的走神，以及其他与自我参照相关的论文。我们还看到了另一些研究，它们显示，后扣带皮层活动增多伴随"给选择找借口"（比如喜欢你所做的选择）、强迫症、情绪处理（包括抑郁症患者的反刍思维）、内疚、诱发型不道德行为和渴望而出现。还记得谢尔曼和同事们所做的测量青少年观看Instagram信息流时大脑活动的研究（详见第2章）吗？他们的照片收到的"赞"越多，后扣带皮层活动就越强烈。

这么多的研究该怎样解释呢？经过一番思考和反复斟酌，我们决定借用奥卡姆剃刀。这一哲学或科学法则指出，"如无必要，勿增实体。"在科学上，它意味着最简单的解释应该优先于较为复杂的解释，对未知现象的解释，应该首先到已知的现象中去寻找。本着这样的精神，我们想知道，有没有什么样的概念，潜藏在前人发表的研究和我们的数据之下。把我们从神经现象学数据集合里了解到的东西应用到其他研究里，最简单的解释跟洛洛绊倒的理由是一样的。我们的数据直接指向了某种经验性的东西。

这些关于大脑默认模式网络的研究，兴许揭示了日常生活中我们可以给予更多关注的一件重要事情，也就是，沉浸在自身体验的拉拉扯扯里。我参加禅修社那一次，真的很努力，我对抗着自己上瘾的想法，想把它推开。如果我们对特定的思考方式（不管是单纯的白日梦也好，更复杂的反刍式反应也好）变得习以为常，甚或对它上了瘾，就很难避免沉迷于"讨厌的想法"(我的酒精使用障碍患者爱这么形容)里。我们的大脑数据填补了谜题的一块重要部分：思想、感受和行为怎样跟我们关联起来。一个念头，无非是思绪里的一个字或者一幅画面，可一旦我们觉得它精彩纷呈，令人兴奋，就没法让脑袋摆脱掉它了。一种渴望仅仅是一种渴望，除非我们被它吸了进去。

我们怎样与自己的想法和感受相关联，造就了所有的差异。

冥想者训练自己注意到这些体验，但并不沉溺于其中，只是单纯地观察它们本来的样子，是怎么样就怎么样，并不把它们放在心上。后扣带皮层可能会通过奖励式学习把我们跟体验联系到一起。通过精神和身体的收紧，我们可能会了解到"我们"正在想，我们正在渴望。通过这种联系，我们与自己的想法和感受建立起了牢固的关系。我们一次次地学习通过一副特定的眼镜来观察世界，直到学会从表面价值接受它们带来的"我们是什么样的人"的观点。"自我"本身并非问题，因为每天早晨醒来都记得自己的身份，这是一件大有好处的事情。事实上，当我们沉迷在自己生活的大戏里，这种沉迷的程度才是问题。不管我们是迷失在白日梦里、沉浸在反刍的思考模式里，还是痴迷于一种渴望，我们总会觉得自己的身体和意识绷紧、收窄、缩小，又或者是关闭了。无论它是兴奋还是恐惧，这钩子总能把我们钩住。

CHAPTER 6

第 6 章
对爱上瘾

> *因为爱情如死之坚强，*
> *嫉恨如阴间之残忍。*
> *所发的电光是火焰的电光。*
> *是耶和华的烈焰。*
>
> ——《所罗门之歌 8:6》(《圣经》新标准修订版)

曾有一次科学上少见的轻松瞬间：斯坦福大学的研究人员发起了一场"爱情竞赛"。他们使用磁共振成像仪，扫描了精神上正处在浓情蜜意状态下的人的大脑。比赛目的是看谁能最大限度地激活大脑的奖励中心。扫描集中在伏隔核上。参赛者有5分钟的时间"倾尽全力地去爱一个人"。为什么研究人员这么热衷于大脑里与上瘾相关的奖励中心呢？

我的另类罗曼史

大学毕业后的夏天，我和女朋友（也是我刚订婚的未婚妻）到科罗拉多州做了一次为期一周的背包旅行。前往东海岸的路上，我们停在了圣路易斯。我们两人都即将在此开始医学生涯，而且余生还将一起住在这儿。我们各自找到公寓（相隔不到几扇门），签下租约，可在这短短 1 小时里，我们竟然分手了。

我在普林斯顿大学上二年级时，开始跟"玛丽"约会。我猜，我们的故事配得上写一本大学浪漫小说了。两人都是挺认真的音乐人，一起在乐队里演奏（她是长笛手，我是小提琴手）。她学化学工程，我学化学。我们一起学习，一起吃饭，一起社交。我们偶尔吵架，但很快就能和好如初。我们热烈地爱着彼此。

到了大四，我们都申请了一大堆医学博士和文理博士兼修的项目。它的正规名称叫"医学科学家培训计划"，参加这一计划的人，有机会同时照料病人、参与医学研究，以高强度节奏获得双学位。它最吸引人的地方在于它免费，凡是能通过的人，都可拿到联邦补助金，甚至还可拿到一笔小额生活补助。出于这个原因，它的名额不多，竞争非常激烈。那年秋天，我和玛丽都在等通知，想知道我们俩能不能同时收到同一家大学的面试邀请（也可能只有一个幸运儿）。日子一天天过去，我们越来越紧张。我的室友里有一个人也在申请医学博士和文理博士兼修项目，还有一个人在申请工作，我会把拒绝信贴在宿舍的墙上。接下来，我们会挨个在彼此的信上加一条手写的留言，以此缓解压力："附注，你糟透了""加油，美国队"（次年夏天，亚特兰大将主办 1996 年奥运会），以及我们想得到的任何稀奇古怪的话。

12月,我们俩都被圣路易斯的华盛顿大学录取了,我和玛丽欣喜若狂。考虑到大学卓越的声誉和它对学生的支持,该校是我们的首选之一。负责该项目的行政人员向我们透露,招生委员会很高兴接受这对"可爱的年轻夫妇",并期待我们加入大学的行列。我们开始憧憬学医之后,两人共度余生,彼此支持。在实验室待了一天之后,我们会回家,喝着葡萄酒互相帮忙解决科学上的问题,完美啊。

放寒假时,我整个人都像是漂浮在云端。我的大脑一直在模拟我们的未来。所有的预测都显示出成功和幸福。所以,我决定采取显而易见的下一步:请求她和我结婚。我买了一枚戒指,带进校园,对求婚一事做了安排。为了跟我构想的前景保持一致,我设计了个动静很大的活动。

我把前两年所有有意义的人、地和事都汇总到一起画成地图,规划了一场寻宝活动,她可以从校园里的不同地方找到线索,挨个往下走。等她到达每个新地点,都会有一位我们的好友或尊敬的教授来欢迎她,递给她一朵红色的玫瑰和一个信封。每个信封都包含几块拼图,等寻宝结束,所有的拼图拼到一起,会出现"你会给我发电子邮件吗"的字样。这听起来有点过时(如今的确如此),但当时电子邮件才刚投入使用,我很兴奋地把它用作了最后的线索。在电子邮件中,她会读到我最好的高中朋友寄来的一封信,告诉她前往校园里最高的大楼,也就是数学大楼的顶层。顶楼能全方位无死角地看到整个美丽的地区。之前有个已经毕业的学长,把他偷偷配的顶楼钥匙送给了我;

这个地方主要是为了玩儿的，无人陪同的学生不准来。玛丽和我曾偷偷溜到过那儿，我想那是个求婚的好地方。接着，我的室友会进来，扮演服务员，从我们最喜欢的餐厅送来晚餐。

在一个寒冷清冽的美丽冬日，整个计划顺利完成。我们所有的朋友和教授都完美地扮演了自己的角色，他们跟我一样投入。当我们到达大楼顶层时，她答应了我的求婚，我们眺望着普林斯顿镇上的落日，结束了这一晚。而6个月后，在圣路易斯的一个暖暖夏夜，我们结束了关系。

我为什么把一件私事弄得这么张扬呢？还记得我在耶鲁大学的戒烟小组上是怎么说的吗？"我有其他各种上瘾"（包括我们在上一章已经讨论过的思考上瘾），好吧，当时我可没看得这么清楚。或许我现在该面对它了：我对爱情上了瘾。

回想一下你上一次开始谈恋爱。你们第一次靠近接吻的时候，你心底咚咚响时是个什么感觉？够好吗？要不要来第二次？随着浪漫的升温，你充满活力，人生看起来无比美妙。只要有人想听，你会兴冲冲地告诉任何人，你爱上的那个人有多了不起。你没法不去想那个人。你迫不及待地等待下一个短信、电话或约会的到来。你的朋友甚至可能会说，你对这个人上瘾了。与其他瘾君子一样，这种恭维也有另一面：如果你爱的那个人没按事先答应的那样给你打电话，你会焦躁不安；又或者，要是对方离开几天，你就会忧心忡忡。

如果从奖励式学习的角度来看待我的大学浪漫史,一块块拼图就会逐渐契合起来。我不知不觉地引诱自己,强化了自己的主观偏差,认为她就是我的真命天女。我淡化了我们重大的宗教差异。玛丽是虔诚的天主教徒,我认为这是一个学习新事物的机会(有点讽刺意味的是,我如今仍然快活地跟一个虔诚的天主教徒结了婚)。我们从未讨论过孩子,以后我们会搞清楚的。我们在重要的公共场合大吵大闹(每当回想起其中的一些争吵,我现在都觉得局促不安)。但谁又不吵架呢?当我问她的父亲,我能不能跟她结婚,他说,他觉得我们还太年轻了(但他也说了,没关系,试试看呗)。我听到琼斯教授对同事说过同样的话,我们之间的关系,他懂什么?我最好的一位朋友,是个离了婚的研究生,他恳求我别这么做,他能看到我们正一头扎进麻烦里。我很生气,好几个星期都没理他。

我太激动了,是的,我无视驾驶舱仪表板上的所有指针。飞机的油没用完,它不会坠毁的。我靠着浓情蜜意给它加油。真的,我正磕着爱情的可卡因。尽管我花了6个月才清醒过来面对现实,但我的最后狂欢就是我们订婚那天。只要看看我是怎么设计的就知道了:一轮接一轮的兴奋和期待。

浪漫的爱情没有错。在现代,就像思考和规划一样,它有助于人类的生存。可要是我们完全沉迷于它,当事情失控,我们也崩溃坠毁时,它就是个问题了。这兴许是另一个不知道怎么解读自己压力指南针的例子:多巴胺没能让我们远离危险，反而让我们置身险地。

赢得爱情游戏

数十年来，神经科学家和心理学家一直试图分解出浪漫爱情的组成部分。它的早期阶段与欣快感、强烈关注和着迷地思念浪漫伴侣、情感依赖，甚至"渴望与爱人情感统一"相关。[1]数千年来，对浪漫爱情的描述就包括与奖励有关的图像。例如，圣经《雅歌》的叙述者就感叹道："你的爱情比酒更美"（4:10）。生物人类学家海伦·费希尔（Helen Fisher）在 TED 讲演里，朗读了 1896 年阿拉斯加南部一名不知姓名的印第安夸夸嘉夸族人对传教士所说的一首诗："爱你带来的痛苦，如火焰般在我身体里蔓延。我对你的熊熊爱火，如疼痛般在我的身体里蔓延。我对你的爱，在爱火的燔灼下，炽热得像是要炸裂，令我疼痛。我记得你对我说的话。我思念着你对我的爱。你对我的爱，将我撕裂。痛而又痛，你要带着我的爱去哪儿？"[2]

费希尔注意到，这些听起来跟上瘾很像，就跟心理学家阿瑟·阿伦（Arthur Aron）及其他研究人员组建了团队，专门检验浪漫的爱情是否像酒精、可卡因、海洛因等药物一样，激活了大脑内相同的区域，包括奖励回路中多巴胺的源头——腹侧被盖区。他们采访参与者，了解爱情持续的时间、强度和范围。接着，参与者要完成《激情之爱量表》(*Passionate Love Scale*)，量表中使用了诸如"对我来说,X是完美的浪漫伴侣"以及"有时我无法控制自己的想法;我着迷地思念着X"等陈述,这一量表被认为是量化爱情这一复杂情感的可靠途径。

一旦确定受试者确实沉浸在爱河里,研究人员就把他们放到磁共振成像扫描仪里,让他们观看爱侣的照片("活跃"条件)和同性朋友的照片("比较"条件),同时测量其大脑活动。请记住:大脑的活动并没有绝对量度(也就是说,没有可按照特定数值把人们排列起来的"温度计"),磁共振扫描仪衡量的是相较于其他事情(也即比较条件或基准),大脑活动的增加或减少。由于浪漫爱情的强烈情感是很难平息的,研究人员试图在参与者不看爱人照片时分散其注意力,让他们做枯燥的数学任务,使其大脑活动恢复至正常的状态(基准水平)。不妨把这种分心看作是给精神洗个冷水澡。

不足为奇,研究小组发现,大脑分泌多巴胺的部位(腹侧被盖区)活跃度增高,是为了响应浪漫爱情的感觉。受试者对伴侣的吸引力评价越高,该区域越是活跃。这一结果支持了从前人们的预测:一如世界各地层出不穷的爱情作品(诗歌、绘画和歌曲)所暗示的,浪漫爱情激活了我们大脑的奖励回路。费舍尔打趣说:"浪漫爱情是地球上最容易上瘾的物质之一。"

那么,什么人赢下了斯坦福大学的爱情竞赛呢?一位名叫肯特的75岁老绅士,他报告说,自己是在相亲时碰到妻子的。两人第一次见面3天后,就订婚了。在记录此次竞赛的短片中,肯特说:"我们疯狂地爱上了对方。我们第一次见面,就天雷勾动地火。"他继续说,"我仍有那种感觉,"虽说"它最初的强度有所减弱"。在短片末尾,他拥抱了自己的妻子,漂亮地表明了他的话一点也不假。

一如肯特的暗示,能够感受到爱情却又不深陷其中这个设想是有些道理的。让我们回到先前提过的阿伦、费希尔和同事们的研究上。该团队研究了后扣带皮层以及大脑奖励中心的活动。还记得吗,后扣带皮层是跟自我参照连接最紧密的大脑区域。前一章讨论了后扣带皮层活动的相对增强,或许是"我"的一个指标:太投入、太沉迷于某事了。阿伦的研究团队发现,人的恋爱关系越短,后扣带皮层的活动就越强烈。换句话说,人的浪漫爱情较为新鲜的时候,后扣带皮层有可能升温。如果人的爱情关系趋于稳定(按时间粗略测量),后扣带皮层则相对安静。有没有可能,这提供了一条线索,可说明人陷入了一段关系的新鲜感里?又或者说,在事情新鲜的时候,我们不知道它的走向,故此追逐带来了快感?当我们开始和新的人约会时,我们可能会做各种好事来吸引爱上的对象。但它究竟是关于谁的呢?我。

在几年后的一项跟进研究中,阿伦、费希尔和同事们使用了跟先前研究相同的流程,但找来了处在长期关系中的受试者。这些人大多结婚10多年了,过得很幸福,自己报告说仍然非常相爱。奇怪的地方来了。研究人员让他们完成了《激情之爱量表》的一份分量表,了解大脑活动跟浪漫爱情的特定方面有什么样的关系,也即痴迷。处在稳定幸福关系里的人,大脑活动的模式是跟痴迷的青少年很像,还是更像"母亲"的模式呢?按照另一些团队的研究结果,母亲的大脑奖励回路激活,但后扣带皮层活动减少。[3]

研究人员发现了什么呢?这些志愿者平均结婚 21 年,仍报告说婚姻幸福,当他们激情地想起自己的伴侣,多巴胺奖励回路(腹侧被盖区)激活。参与者的后扣带皮层从总体上来说活跃度增加,但这种活动可以通过他们在《激情之爱量表》里的痴迷得分来区分:人越是对自己的伴侣着迷,后扣带皮层活跃度越大。费希尔在 TED 演讲里形容爱情是一种上瘾,"你聚焦于这个人,你着迷地想着他,你渴望他,你扭曲现实。"你,你,你。就跟"我"一样。我,我,我。在某种程度上,所有人都能跟这建立关联。在一段关系的初期,我们观察潜在的伴侣跟自己是否适合。过了一阵,如果关系中的一方或双方继续保持这种"自我中心",事情的进展可能就不会太顺利。如果我们把"我"这面大旗插在地上,宣称我们必须这样或那样,两人的关系就会江河日下。毕竟,上瘾不是要照料自己的孩子,拯救这个世界。它是一次又一次地被吸入漩涡,满足个人欲望。痴迷的爱与肯特那种更"成熟"的爱情之间的区别,是不是表明:对其他类型的爱,大脑也有着特定模式?

你需要的就是爱

古希腊人至少有 4 个词用来表示"爱":"eros",指的是亲密或激情的爱;"storge",父母与孩子之间的感情;

"philia"，友谊；"agape"，可扩展到所有人的无私之爱。

前3种爱相对简单。"agape"却更神秘一些。例如，基督徒用"agape"来表达上帝对神子无条件的爱。这种感觉也可以是互惠的：上帝对人的爱，以及人对上帝的爱。为把握住这个词所蕴含的无条件或无私性质，拉丁文作家把"agape"译为"caritas"，后者是英文单词"charity"（慈善）的起源。

这些不同的爱的概念究竟意味着什么？身为科学家，我一度很难认真地对此展开思考。大学毕业时，我的确感受到了浪漫爱情的好坏丑恶。这跟无私的爱有什么关系？

毫不奇怪，没有故事会以浪漫爱情分崩离析作为结尾。我和玛丽的分手也没什么不同。这事儿让我在医学院刚入学的时候夜不能寐，这还是我人生里的头一回。更麻烦的是，玛丽和我住的地方仅有几门之隔，而且整天都在同一个教室上课。开学前几个星期，我拿起了乔恩·卡巴金的《多舛的生命》，因为我的生活似乎也太多舛了。开学第一天，我开始听冥想修炼指导，从而掀开了人生的新篇章。

每天清晨，我都早早起床，听引导呼吸意识的练习磁带，而且总在某个时间点上酣然入睡。我孜孜不倦地努力了大约6个月，直到自己能保持清醒半小时。接着，我开始在无聊的医学院讲座中冥想（何乐而不为呢）。一两年之后，我逐渐开始理解冥想这种东西怎么帮助我不执着于脑袋里随时都在同时推进的多条故事线（还记得思考上瘾吗）。"好吧，这玩意儿大概真的有帮助，"我想。我在本地找了一个冥想小组，每个星期参加一次小组打坐。我听老师的讲演，开始阅读越来越多有关冥想的书籍。

随着实践的深化，冥想的教义体现出了自身的道理，我对它们感觉愈发自在了。和我从前尝试过的一些以信仰为基础的传统套路不同，冥想深深地扎根于体验。我应该指出，这种区分仅仅表明了我个人的偏好，对神性缺乏体验（又或者是，缺乏用来形容此类体验的词汇），而不是宗教整体上的缺点。据说佛陀有云："别轻信我说的话，要自己去尝试。"比方说，感到焦虑的时候，我可以退后一步，审视自己正在想什么（大多是将来的某件事），它背后的动力可能是怎样的。

一天晚上，我们像平常那样静坐半小时冥想完毕，小组长开始说起慈悲（metta），以及真诚地希望人们很好，从自己开始，逐渐扩展到其他人，最终推广到所有生命，这种实践已经有上千年的历史了。我有点迟疑。我不在乎它有多长的传统，慈悲跟我执着于自己的故事线索有什么关系？我自己导致了自己的痛苦，这又是什么意思？我跟自己说，就像开始学习时那样，把冥想当成注意力集中的练习就好。默念短语。注意思绪是否漫游到其他东西上了？回到短语上。没有什么神神道道、玄玄乎乎的东西。

直到经过了好几年慈悲实践，我才开始察觉无私的爱是怎样一种感觉。我接受住院医师培训期间，注意到胸口出现一股热流，冥想时，身体里的某种绷紧状态松弛开来。不是随时都这样，只是偶尔出现。兴奋、收缩型的浪漫之爱，我自然很熟悉。或许，这种不同的感觉就是"慈悲"？

这一时期，我自己做了许多不同的实验，琢磨这个设想。比方说，骑自行车上班，碰到有人冲着我吼、朝我打喇叭，我肯定会感到一阵紧缩。我注意到自己进入了一种奇怪的奖励动态：被人打喇叭（触发）；大喊大叫，比画手势，故意在汽车前头慢慢骑（行为）；感觉自己做得挺棒（奖励）。等到了医院，我会带着这种紧缩的"自以为是"向其他医生抱怨。

因为发现自己并没有给患者带去愉悦，我开始尝试：要是碰到汽车朝我打喇叭，我不再吼回去，而是将它看成是实践慈悲的触发因素，我的"紧缩"（和态度）会变成什么样。首先，我先对自己说，"愿我快乐"，接着又对司机说，"祝您快乐"。这有助于打破自以为是的循环，以及随之而来的紧缩感。棒极了，这很有帮助。过了一阵子，我发现自己能带着更轻快的心态到医院工作了。紧缩感消失了。我灵机一动：没必要等到有人冲我打喇叭，我才祝福别人过得好啊。碰到谁我都可以这么做。这一下，大多数日子，我到医院上班时都是喜滋滋的。这东西似乎取之不尽呀。

时间往后快进几年，我的团队开始进行实时磁共振成像神经反馈实验。我在上一章提过，我经常拿自己当豚鼠。我会爬进扫描仪里冥想，让研究生达斯汀负责控制。记得有一次，我决定一边看着自己的大脑活动图，一边实践慈悲冥想。一开始，我祝福达斯汀和控制室里的扫描技术人员。我感到胸口出现暖意和开放感。随着暖意的提升，出现了舒张感。我能想到的最合适的描述是：无拘无束，圆满，温暖。我什么都没做。完全是它自己发挥的。这种感觉与我在跟人谈恋爱时感受到的兴奋之爱非常不同。它更开放。它不会让我渴望更多。做了 3 分钟的冥想后，我查看了实时反馈的显示。我可以清楚地看到，在整个过程大约 1/3 的阶段，后扣带皮层的活动减少了（图中间水平线的灰色下凹区），到运行结束，它下降得更为明显。

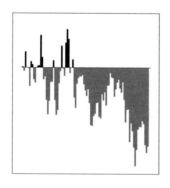

我的大脑在冥想时的状态。图中显示的是，在我们磁共振成像神经反馈装置的前期测试过程中，我实践慈悲冥想时大脑后扣带皮层的活动。黑色表示大脑活动增加，灰色表示活动减少。每一竖条代表两秒钟的测量值。在测试的中间阶段，慈悲实践升温了（而我的大脑活动则冷却下来）。

这样的结果很棒。我们已经发表的一篇小组层面的分析中指出，平均而言，冥想期间后扣带皮层活动减少。但看到自己的大脑活动与慈悲实践中个人的体验如此吻合，有一个特别的地方，我原本觉得那是"神神道道"，不屑一顾。

等从新手和资深冥想者那里收集到更多的数据之后，我们发表了第一篇论文，将慈爱冥想期间大脑活动的变化做了映射。[4] 这些数据，跟我们所了解到的后扣带皮层在体验上瘾中所扮演的角色十分吻合。在扫描仪里实践慈悲心，资深冥想者一致报告说，产生了跟紧缩的兴奋相反的感觉：温暖、开放，等等。

我们的结果也为爱情拼图补完了一小块。从前的报告显示，母亲和（非痴迷型的）爱人后扣带皮层活动减少，我们的数据证实，爱不一定激活与自我中心相关的大脑区域。爱不一定都是关于自己的。事实上，如果始终认为爱总是聚焦于自我，那我们就漏掉了爱更宽广、更深刻的意义层面。

这些结果与阿伦和费希尔的观点一致，也即后扣带皮层活动的增加和减少，可能标志着"爱上瘾"与"爱"的区别。有趣的是，我们的研究发现，在慈悲冥想实践中，先前在浪漫爱情中活跃的大脑奖励通路非常安静。或许，这是不执着的爱的独特神经标志？我的体验，还有希腊人用单独的词语来描述的事实，支持这一设想。虽然我们得到的是一些初步结果，但也有所暗示。

我们论述慈悲之爱的论文，恰巧是在情人节前发表的。

THE CRAVING MIND

2

第二部分
遇见多巴胺

CHAPTER 7

第 7 章
全神贯注为什么这么难,这是真的吗

> 无聊的解药是好奇心,好奇心无药可解。
> ——据说语出作家多萝西·帕克(Dorothy Parker)

> 我没有什么特殊的天赋,我只有强烈的好奇心。
> ——阿尔伯特·爱因斯坦

无论是养育孩子、创办企业、开展精神实践㊀,还是照料病患,全神贯注不分心的能力,都是一项核心技能。在医疗领域,病人最爱埋怨医生的就是,后者倾听时不用心。经常有人吹捧冥想是直接锻炼这一"心理肌肉"的好办法。然而,我们不少人伸出脚来试了试水深水浅,很快就回到岸边,自言自语地说,"这也太难了",或者,"我没法专心",要不就是,"这怎么可能起作用?我感觉更糟糕了。"

1998 年,完成了两年的医学院学习,也实践了两年冥想之后,我头一次参加了为期一周的冥想闭关训练。本地的一位老师,金妮·摩根(Ginny Morgan)在圣路易斯以西

㊀ 其实最好的译法应该是"灵修"。——译者注

不远的地方租下了一处天主教会的特训中心。金妮从西弗吉尼亚州的一所寺庙请来了备受尊敬的德宝法师（Bhante Gunaratana）。德宝法师指导大家冥想，她自己则为这一周的训练负责勤杂管理工作。我读过德宝法师的书《简明正念》（*Mindfulness in Plain English*），我很高兴能跟随他修习（而且，我还很想看看，跟僧人一起生活是什么感觉）。

闭关期间，沉默的冥想时间很多，指导却很少。在天主堂圣殿改造成的冥想大厅前方，德宝大师一动不动地保持打坐姿势，一冥想就是几个小时，我们其余的人则按半圆形散落地坐在他身边。德宝大师事先说，我们可以自行决定是坐着冥想，还是边走边冥想。如果有问题，我们可以写下来，每天晚上在冥想大厅里集合，他将一一回答，大概是以为这样能让我们彼此学习吧。

闭关训练了差不多两天，我感觉自己失魂落魄，心力枯竭。我靠着金妮的肩膀哭了起来，语不成声地哽咽着说，"我做不到啊""这太难了"一类。德宝法师对这种情况经验很丰富，甚至跟我一对一见了面。他给了我一些建议，比如"从数呼吸数到 7 开始"，保持思绪平静。问题在于，我的思绪完全无法平静。无论怎么努力，我都没法相信，简简单单地关注呼吸真的值得去做。回想起来，这也没什么好奇怪的。我的思绪充满了各种各样更好的事情，愉悦的回忆，关于未来实验的兴奋设想，等等。谁想要关注呼吸这样平淡无奇、看起来没什么意思的东西呢？任何一个思考上瘾的人都能毫不费力地从两者之间做出选择。

幸福吗

在冥想指导的初级阶段,讲师们一般会强调关注呼吸,一旦思绪游离,就把注意力拉回呼吸上。这种做法直截了当,但跟人天生的奖励式学习机制背道而驰。一如本书所述,在某些情况下,把行为和结果匹配起来,人学得最好。佛陀也教导过这一原则,他反复劝告追随者注意因果关系,看清自己从行为中得到的是什么。在我们当今的生活中,人强化了哪些类型的行为呢?很可能,大多数人不会强化那些能让人远离压力的行为。只要我们学过怎样使用压力指南针,它说不定早就告诉过我们(只要我们学会怎样使用它),可我们却在各种错误的地方寻找幸福。

2008年,我开始阅读《巴利三藏》的更多原始文本,比如描述缘起的内容(见第1章)。随着阅读的推进,我开始明白,佛陀想要指出的是,我们怎样渐渐在寻求幸福的过程中迷失方向。也许,这一观察,是以他对痛苦与幸福的激进言论为基础的:"众生眼里是福,尊者论为受苦。众生眼里是苦,尊者视为幸福。"[1] 缅甸冥想导师班迪达尊者说,我们错把兴奋视为幸福,哪怕前者迷惑我们,它非但未曾让我们远离痛苦,还把我们引上了受苦之路。他可能表达的也是同样的想法。

佛陀怎么知道真正的幸福与受苦有什么区别呢?首先,他仔细观察了基本的强化学习过程怎样运作:"(人)越是沉迷于感官快乐,对感官享乐的渴望越强,就越是为感官享乐的火焰烧灼，然而，依赖于……感官享乐，他们只能找到一定程度的满足和享乐。"² 行为（沉迷于感官愉悦）带来奖励（享乐），这为重复该过程做了铺垫（渴望）。如果我用了一个小时迷失在一个又一个的美梦当中，我从中得到的兴奋感，会让我渴望更多。我的患者们喝酒、吸食毒品，情况也是一样的。

有意思的是，佛陀把这一沉迷和陶醉的过程走到了终点："我着手追求满足俗世的欲望。不管这世上有什么样的欲望，我都试过也找到过。靠着智慧，我清楚地看到了世间的欲望能延伸到何种程度。"³ 在历史上，佛陀是一位王子。按故事中所说，他母亲怀着他的时候，许多圣人聚在王宫，并预言他将成为一位强大的君主或伟大的精神领袖。听到预言之后，国王（也就是他的父亲）想方设法希望儿子选择前一条道路。他料想，如果儿子"免受人世间的一切苦难，精神命运的召唤或许就不会从他身上苏醒过来。"⁴ 国王宠溺年少的王子，满足他的每一个欲望，让他过着极尽奢华的生活。

讽刺的是，这个看似明智的策略，却让国王事与愿违。佛陀穷尽了对欲望的探索，意识到这并未给自己带来持久的满足，反而只会让他渴望更多。想到这个循环无休无止，他清醒过来。他察觉了这个过程的运作方式，也明白该怎样从中走出来："如是，诸比丘，我尚未直接知道的时候，俗世的欲望就是欲望……我不会说自己实现了这世上超凡完美的觉悟……但当我直接知道了一切，那么，我会说这就是悟

道。知识和愿景从我而起:'我心灵的解放不可动摇。'"5 ⊖

换句话说,等他清楚地看到自己从行为中真正得到了些什么,哪些行为带来了快乐,哪些导致了压力和痛苦,他就知道怎样改变它们了。他学会了怎样解读自己的压力指南针。一旦做到了这一点,重新定位、转到不同方向的办法其实就很简单了。按形成习惯的基本原则即可:如果你放弃导致压力的行为,你立刻会感觉好起来;换言之,把行为和奖励、因和果搭配起来。重要,或许还有点自相矛盾的是,放弃导致压力的行为,来自知道自己正在做什么的觉悟,而不是想靠着做某件事来改变或修复局面。与其拼命挤进自己乱作一团的生活,解开这团混乱(结果越弄越乱),我们不如退后一步,让它自己解开。我们从"做点什么",过渡到了"承认它存在"。

读到《巴利三藏》这些段落的时候,我如同醍醐灌顶。这些见解很重要。为什么呢?因为在个人的经历当中,我一次次地见到过这一循环:错把诱发压力的行为看成是能带给我(某种)幸福的东西,不停地重复。无论如何都要重复它们。我还在患者身上见到过。它与我们怎样学习的现代理论完全吻合。

眼见为实

2006 年,我参加完"跟思想角力"禅修会之后,终于

⊖ 此处译文据英文原书翻译,具体经文请参照《长阿含经》。

决定开始观察，放手让思绪自由发挥，而不是想着对抗它们、控制它们，自己的身心会发生些什么事情。我开始关注因与果。2008年，我结束了住院医师培训，开始参加耗时越来越长的禅修活动，以求真正理解自己的思绪会怎么走。在2009年一次长达一整个月的禅修活动期间，我逐渐对缘起的轮回有了真正的理解。

我坐在一家自助禅修中心的冥想大厅，看着不同的想法冒出来（因），并注意到它们给我身体带来的作用（果）。我的思绪显然没有得到足够的刺激，因为它一会儿朝我投出性幻想，一会儿死盯着我的问题或担忧，两者时不时地还会交替。愉悦的幻想带来了一股冲动，我感觉肚子里（腹腔神经丛）出现一阵阵的收紧和不安。我突然意识到，不快的担忧也有着同样的效果。我这辈子头一次明白，自己怎样卷进了想法里。它们是好还是坏不是重点。这两种思绪流，以相同的结果结束：一种需要满足的不安渴望。我记得，我把这"惊人的发现"告诉禅修的老师。他们礼貌地微笑着，脸上的表情似乎是在说："欢迎加入我们的俱乐部。现在你知道该从哪儿开始了。"我的确开始了。在那次禅修活动剩下的时间里，我一碰到机会，就跟着欲望一路走到终点。我看到，想法的出现，带来更多思考的冲动。我看到，"好吃"的感觉在吃饭的过程中产生，进而导致吃更多食物的冲动。我看到，长时间静坐的过程里出现了不安的感觉，带来了站起身的冲动。我尽自己所能地把欲望探索到了终点。我尝到了一点点"祛魅"的味道。"把兴奋视为快乐"的咒语解除了。我开始明白自己的压力指南针怎样运作。而且，我曾经错误地朝着错误的方向移动，并在此过程中制造了更多的痛苦。

一如我曾沉迷于思想的幻觉，我们大多数人在人生之旅中，都曾错把受苦视为幸福。从何而知呢？因为我们停不下来地在延续受苦。想想看，一天里有多少次，我们一感受到压力，就跟别人发火，吃令人舒适的食品，要不就是买东西。看看无处不在的广告吧，它们通过消费主义宣扬幸福，把一个概念灌进了我们的脑袋：只要我们购买X，就令幸福快乐。这些诱导因素很好地发挥着作用，因为它们利用了我们先天的奖励式学习过程：行为导致奖励，这塑造并强化了将来的行为。

佛陀强调过将压力误解为幸福的错觉："同样道理……过去的感官快乐，一碰就痛，炽热而焦灼；未来的感官快乐同样会一碰就痛，炽热而焦灼；当下的感官快乐一碰就痛，炽热而焦灼；但若存在无法独立于感官快乐的激情，受感官渴望所吞噬，受欲火的烧灼，它们的能力就会受损，故此，哪怕感官快乐其实一碰就痛，仍然会带来'愉悦'的扭曲感知。"[6]㊀我的患者每天都要应付这种虚假认同。他们不知道怎样使用压力指南针。吸烟或吸毒的短期奖励，让他们走上了错误的方向。因为压力而进食也是一个道理，我们的肚子明明饱了，却停不下来地吃；我们在 Netflix 上一

㊀ 此段译文据英文原书翻译，具体经文请参照《四念处经》或《摩犍地耶经》。——译者注

鼓作气地追看电视连续剧，而不是出门散步。

如果奖励式学习是人的自然倾向，为什么不用它来学习怎样从短暂的"幸福"转到持久的安宁、满足和快乐状态呢？确切地说，我们为什么还没这么做呢？

斯金纳认为，奖励对于改变行为至关重要："行为可以通过改变其后果而改变，这就是操作条件反射；但它也可以因为随后将要出现的其他后果而改变。"[7]我们能不能不改变后果（奖励），而直接改变行为呢？如果我们更清楚地看出自己从行为里得到的是什么，现有行为的代价就更明显了。换句话说，如果我们长时间地停下来品尝奖励的滋味，它恐怕不如我们想的那么甜美。14世纪波斯神秘主义者和诗人哈菲兹（Hafez）在一首题为《鼓掌》(*And Applaud*)的诗中捕捉到了这一真理。

一次，一名年轻人来找我说：
"恩师啊，今天我感觉坚强又勇敢，
我想知道，关于执着的一切真相。"

我回答：
"执着？执着！
爱徒呀，
你真的想让我跟你说吗？
关于你执着的一切，
我如此清楚地看到，

你小心翼翼地，建造了
一座豪华的青楼，
容纳你所有的享乐。

你甚至，把这该死的地方，遍布持械的卫兵和恶狗，保护你的欲望。
这样，你可以不时地偷偷溜走，
试着，从干枣核那么丰盈的源头，
将光线挤进你灼热的肉体，
就连鸟也会聪明地把干枣核给吐掉呀。"[8]

除非我们为自己重新定义幸福，清楚地看到兴奋与喜悦之间的差异，否则不足以改变我们的习惯。我们将继续回到自己欲望结出的果实上。

从柠檬到柠檬水

《巴利三藏》中的一篇早期讲道名为《安般守意经》，内容涉及呼吸正念。经文首先介绍了呼吸觉知："息入知正入息，息出知正出息。"[9] 经文接着说："吸入的气很长，行者知道，'我正在吸入长息'；呼出的气很长，行者知道，'我正在呼出长息，'"接着继续列出了一份需要进行的事项清单，包括整个身体、愉悦，甚至在脑袋里虚构各种事情，其实也就是"意识的构想"（mental fabrication）。就连许多老师在冥想方面似乎都止步于呼吸这一环。反正,据我所知是这样的;多年来,关注呼吸让我过得非常充实,心无杂念。

同一部经文稍后还列出了"七种觉醒因素"(七觉支),分别是:念觉支(sati)、择法觉支(dhamma vicaya)、精进觉支(viriya)、喜觉支(piti)、轻安觉支(passaddhi)、定觉支(samadhi)和舍觉支(upekkha)。[10]

也许,和清单本身同样重要的是,它所列名目的顺序。回到因果模式,佛陀指出,当我们试图摆脱受苦,关注当下的体验,了解因果的兴趣就会自然产生。如果目标是要减少或结束压力,那么,我们只需将注意力引导到体验上,由此,自然产生了想要看到在那个瞬间,我们是增加还是减少了压力的兴趣。我们什么也不用做,只是看就行。这个过程就像阅读一本好书。如果我们想读它,我们开始读,我们以为书很好,于是有兴趣继续读。这与正念实践很类似,因为我们必须真心诚意地想要停止受苦。否则,我们不会认真观察自己的行为,察觉我们从中真正获得了些什么。随着我们投入到读书的过程,继续读下去的"兴趣"感自然产生了。正念实践也是如此,我们越来越想要钻研自己正在做的事情。我们自问:"我从这当中得到了些什么?它是带领我走向还是远离痛苦?"等书渐入佳境,我们会变得十分兴奋,说不定一口气读到了凌晨3点。一旦入了神,我们可以静静地坐下来读上好几个小时。

到了这时候,我们真的开始集中精神了。前面的要素一就位，自然就会全神贯注了，我们不必强迫，也不必一次次地从白日梦或其他分心事情上回到关注对象。我最初学习集中精神时不是这样的。我保持关注，思绪走神时，把它拉回来，重复。此处，经文特别强调运用因果关系。为 X 创造条件，X 自然会出现。

让正念和兴趣这两根棍子一起摩擦，5 步之后，火苗就燃起来了，精神也自然而然地集中了。强迫自己集中精神很难，不管我们是为了资格考试而学习，还是当伴侣说起无聊事情（反正，肯定没我们的 Facebook 更新有意思）时努力想跟上对方的思路，经历过类似情况的人都知道。我们还非常清楚，当我们内心不消停的时候，想要集中精神有多难。一旦我们学会了全神贯注，心灵宁静的条件也就自然出现了。而一旦我们实现了心灵的宁静，在地铁上读一本好书根本不是事儿；不管周围的环境是多么喧嚣，我们都不为所动。

如果我们试着专注于对象（不管是呼吸、对话，还是别的什么东西），该怎样让这种状态成为我们的默认设定呢？我们怎样才能随时都清楚地看出自己从行为里得到的是什么（奖励）呢？或许，我们一开始就应该观察，当某样东西引发了我们的兴趣、吸引了我们的好奇心、让我们着迷时，带来了什么样的感觉。对我而言，真正的好奇状态，是一种开放、充满活力、快乐的品质。这种感觉清楚地说明，把觉醒前两个因素（念觉支和择法觉支）结合起来，带来了什么样的奖励。我们可以把这一体验，跟得到了自己想要的东西带来的短暂、激动的"幸福"瞬间相比。我为玛丽设计寻宝活动时，我曾误把由此而来的兴奋视为幸福。几年之后，两者的差异才逐渐变得清晰。兴奋带来了一种不安，一种想要更多的紧张冲动。好奇心带来的喜悦更加平稳，是开放的，而非紧缩的。

这两类奖励之间的关键区别在于，后者的喜悦来自关注和好奇。实际上，在任何清醒的瞬间，我们都有可能切入这种意识。它不需要你付出任何辛劳，因为人的觉知随时都在，我们只要时刻保持觉知状态就行。反过来说，兴奋需要有某件事发生在我们身上，或是要求我们获得某样自己想要的东西，我们必须要去做些什么，才能得到自己想要的东西。为了从兴奋切换到喜悦，我们可以留心触发因素（压力），执行行为（投入开放、好奇的觉知），注意奖励（喜悦、安宁、平静）。借助自己的奖励式学习过程，我们越多地采取这些步骤，就越是能够建立起更专注、更幸福（但不兴奋）的习惯模式。事实上，我们可能会发现，只要有合适的条件（比如不再自己挡自己的路），这种存在模式是随时可行的。

好奇的大脑

说我们可以运用奖励式习惯学习系统来超越上瘾或基于奖励的兴奋型快乐，似乎有点违反直觉，或自相矛盾。

我们的兴趣，怎么变成了迷恋和陶醉呢？我们怎样才能区分自私的兴奋，好奇带来的喜悦呢？换句话说，我们怎样判断练习时自己处在正确的轨道上？简单的回答是，判断喜悦（无私）和兴奋（自私）之间的区别很棘手，尤其是在正念训练的初级阶段，我们可能对无私的存在模式还没有过体验。而且，我们越是努力想实现这些目标，离它们反而越远。如果我们可以到访神经科学实验室，观察自己对某一对象感兴趣的时候，兴许能看到哪些大脑区域变得更为活跃，哪些部位没那么活跃。比方说，我们关注呼吸的时候，涉及自我指涉处理的大脑区域会怎么样呢？

例如，在我的实验室，我们让一位冥想新手坐进磁共振成像扫描仪，对她做了标准的呼吸觉知指导："注意呼吸的身体感知。每当你在身体里最强烈地感觉到它，就跟从呼吸自然自发地运动，不要试着改变它。"随后，她报告说集中精神比较困难，从我练习冥想最初 10 年的经验来看，这没什么好奇怪的。我们正在测量她后扣带皮层的活动。和我们其他研究中的参与者一样，她报告说，难于集中精神的主观体验跟大脑模式活动加剧之间有着强烈的关联，尤其是在这一轮尝试快结束的时候（见下图 A）。接下来，我们又给一位资深冥想者同样的指示。一如预期，他的后扣带皮层活动相对于基准持续下降（图 B）。有趣的是，另一位资深冥想者实践"关注呼吸，尤其是伴随微妙的有意识呼吸所产生的兴趣、惊奇和喜悦感"时，他的后扣带皮层的相对活跃度大幅下降，这跟他"感觉有趣且喜悦"的体验相关，哪怕"他对手和脚上的气流感到很好奇。"（图 C）

大脑后扣带皮层活动变化磁共振成像的例子。A，新手冥想者，接受的指示是关注呼吸；B，资深冥想者，接受的指示是关注呼吸；C，资深冥想者，接受的指示是关注呼吸，尤其是与兴趣、惊奇和喜悦相关的感觉。水平线上方的黑色竖条表示后扣带皮层的活动增加，下方的灰色竖条表示冥想期间后扣带皮层活动下降。每轮冥想持续3分钟。

虽然这只是一个脑区的例子（据信，这一脑区有可能是参与这些体验的更大网络的一部分），它们暗示：创造集中精神的合适条件（包括好奇心），或许对"不反馈"自我指涉过程是有帮助的。将来，把这类型的神经反馈提供给练习冥想的人，说不定能帮助他们区分出哪些情感体验是自私的，哪些是无私的；哪些是兴奋的；哪些是喜悦的；哪些是紧缩的，哪些是开放的。就跟我在扫描仪里练习慈爱冥想时的体验类似。

说回保持专注上，我们也许能够把好奇等心智状态或态度视为自然而然能带来精神集中的条件。既然如此，我们可以放弃跟自然奖励式学习过程没有明显联系的粗暴方法。这些工具和技能应该是奖励式学习所固有的。如果真是这样，我们就可以利用它们来改变自己的生活，不必用到通常的那些"卷起袖子开干""一分耕耘一分收获"等费力的方法（这些方法简直融入了我们西方人的心理）。我之前没意识到这一点时，用的是自己最熟悉的技术，结果把自己弄到了错误的方向（真有些讽刺）。与此相反，我们可以留心触发因素（压力），执行行为（产生兴趣和好奇），按照与压力指南针一致的方法来奖励自己（注意到喜悦、安宁、专注和平静），重复。

正如诗人玛丽·奥利弗（Mary Oliver）所说的那样。

生活的指示：

保持关注。

为之惊讶。

四处讲述。[11]

CHAPTER 8

第 8 章
学习刻薄和友善

> 做好事的时候我感觉好,做坏事的时候我感觉糟,这就是我的宗教信仰。
>
> ——亚拉伯罕·林肯

由泰勒·德罗(Tyler Droll)和布鲁克斯·巴芬顿(Brooks Buffington)开发的社交媒体应用 Yik Yak 允许用户在手机的设定半径内匿名创建、浏览讨论主题。按该公司博客的说法,2013 年,发布 6 个月后,Yik Yak 就成为美国下载量第 9 大的社交媒体应用。它怎么这么受欢迎呢?该程序的启动画面说明了一切:"人们对你周围的东西是怎么评论的?获取实时信息流。好的你就点个赞,差的你就踩一脚。没有配置文件,没有密码,一切全都匿名。"《纽约时报》上发表相关文章,题为《污言秽语出自谁?匿名的 Yik Yak 程序没有透露》。文章中,乔纳森·马勒(Jonathan Mahle)讲述了东密歇根大学一堂重点班课(比常规课程内容更多更深一些)上发生的事情:"教授们(三名女性)一直在讲授后世界末日文化(post-apocalyptic),礼堂里的 230 来名大学新生,却在社交网站 Yik Yak 上发起了另一场谈话。他们贴了数十条帖子,大多数都是贬低的,许多还使用了粗鲁、露骨的语言和图片。"[1]

　　照理说,这些学生应该学习的是一种特定的文化,他们却参与了另一种文化,由奖励(奖励采用分数、点数,或其他闪亮玩意儿的形式,而非来自与其他人的直接互动)所塑造的应用程序文化。Yik Yak 网站一点也不遮遮掩掩,它毫无羞赧之意地指出:"来赚取'呀咔吗'得分吧。发布精彩呀呀帖子即可获得奖励!"或许,比获得金色星星更带奖励色彩的是闲聊八卦的机会,后者有着跟其他类兴奋一样的收获感,"津津有味的八卦"一说也就是这么来的。我们坐在大学课堂上,膝盖上放着手机,突然看到它弹出一条有趣的帖子。凭借这个意想不到的刺激,我们的多巴胺喷涌而出。接着,随着兴奋感在脑袋里打转,我们没法安静地坐着,我们想要超越前面的帖子。这一活动对我们之所以安全,因为它是匿名的。正如米德尔伯里学院大二学生乔丹·瑟曼(Jordan Seman)在马勒的文章中所说:"任何人,处在任何情绪状态之下,都能轻松地发布点东西,不管这个人是喝醉了酒,还是心情抑郁,还是想报复某人。随便说些什么,没有任何后果。"

　　我们都可以回想起童年,甚至想起操场或教室里爱欺负人的那些家伙的脸。可那大多就是一两个而已。匿名性和社交媒体的扩展,会不会引发以自我为中心的网络霸凌狂潮呢?2013 年 9 月 20 日,喜剧演员路易斯·C.K.(Louis C.K.)接受电视脱口秀主持人柯南·奥布莱恩(Conan O'Brien)的采访时,对智能手机做了一番精妙的评论。

你知道，我认为这些东西有毒，特别是对孩子们。是这样的。它不好。他们彼此交谈时不互相看着人。他们没有建立同理心。孩子们是很刻薄的，这是因为孩子们正在学习成长。他们看着一个孩子，转身就走了，还说，你是个胖子。他们看到孩子的脸苦成了一团，说，噢，这感觉可不好。但他们（在手机上发短信）写的是：他们很胖，他们走了，唔，很有趣。

在第2章中，我们考察了移动设备的诱人性质，以及它们怎样强化以自我为中心的行为（如发布自拍照或自我曝光），让我们上钩。但路易斯·C. K. 在这里似乎提到了别的一些东西。智能手机的某些功能（如缺乏面对面的接触），可能会从根本上塑造我们怎样与他人进行互动，从而影响我们的生活。匿名社交媒体应用程序的黏性恐怕是最强的。它们遵循简单的斯金纳原则，提供奖励，用户却不用承担任何责任（消极强化）。反过来，由于我们无法准确评估行动的全部结果，我们在主观上愈发偏向于寻找这类奖励，忽视自己有可能造成的损害。

斯金纳在《瓦尔登湖第二》的序言里写道："良好的个人关系同样取决于立刻责备或谴责的迹象，这些责备以简单的规则或守则作为支持。"高中可以惩罚霸凌的学生；社交媒体应用软件可以限制技术的使用，可这类型的规则只会激发青少年的叛逆心。请记住：奖励的即时性对奖励式学习非常重要。当我们在 Yik Yak 上发布的帖子获得点赞后，会立刻获得奖励（"呀咔吗"点数）；而学校的惩罚（比如停学或类似的举措），则是在收获奖励之后很久才到来。禁止使用应用程序属于认知（或其他类型的）控制范畴。就算我们知道不应该在课堂上使用手机，可在意志力虚弱、对伴随八卦而来的兴奋嗡嗡声上瘾的瞬间，我们似乎无法控制自己。

斯金纳指出奖励式学习的原则时，暗示的守则或许跟如今通行的不一样。他认为，为了让惩罚发挥作用（正确地与行为建立关联），惩罚应该立刻施加。例如，我们有没有这样的朋友？父母逮到他抽烟，就立刻让他连抽 10 支烟？由于尼古丁是一种毒素，如果我们在身体来不及产生耐受性时一支接着一支地抽，它们会愈发强烈地发出信号："有害行为！中止！中止！"我们感到恶心和作呕（往往还是反复产生这种感觉），因为我们的身体发出强烈信号：不管我们在做什么，都赶紧停止。

这对我们和家长都是件幸运的事！如果这种与惩罚的关联站稳了脚跟，那么，下一次我们看到香烟，或许也会感到恶心：这是身体在警告我们，如果再吸烟会发生些什么。类似地，双硫仑（antabuse）是一种治疗酗酒的药物，能带来类似立刻宿醉的效果。我们可以想象，对网络霸凌和恶意八卦及时施加惩罚，应该可以减少这样的恶意行为。可是，设定额外的守则（不管是一揽子规定还是即时惩罚）真的是最好的前进方向吗？

（自我）正义的愤怒

2010年，我进行了为期一个月的沉默静修，目的是想训练一种特别的集中式冥想方法（禅那，jhana；或叫禅定），让它尽量稳定下来。如果实践正确，这种冥想可持续数个小时。过去两年，我都在老师约瑟夫·戈尔茨坦睿智双眼的关注下，阅读、实践这种冥想方法。与其他类型的全神贯注一样，人需要安排好允许禅那状态出现的条件。据说，条件之一是消除或暂时中止有可能造成妨碍的思想状态，包括愉悦的幻想和愤怒。这对我很有意义。我在前一年的静修中发现，每当我沉浸在白日梦或愤怒想法里时，我都沉迷于自我，远离了应该保持专注的物体。据说，禅那冥想对这些障碍更加敏感。稍有失误，人就会落入原来的习惯模式，接下来只好从头来过，重新创造条件。

静修期间，我正在处理工作上的一些挑战。我有一个同事叫简，我和她之间存在些问题。撇开细节（哎呀，八卦太叫人津津乐道了），这么说吧：我一想到她就生气。我每轮静修都写日志。在这一轮，我每天都提到简（而且还常常写完一句话，狠狠地加上下划线以示强调）。在这里，我正在一个安静漂亮的环境下静修。所有的外界条件，对我来说都极为适合保持全神贯注。可我的精神状况一团糟。每次想到她，我都会进行无穷无尽的做这做那的心理模拟，越想越生气。当然，因为这些是我的模拟，我会为生气找借口,比如是因为简对待我的方式,她从我这儿得到了她想要的东西,等等。它会让我永远都在爬坑,并且要用更长时间才能平静下来。

这种困境让我想起了《巴利三藏》中的一段经文:"不管人频频沉思的是什么,这都会成为他意识的倾向。"² 斯金纳大概会说,愤怒如今成了我的习惯。我使劲转动轮子,却在沙地里越陷越深。

静修的第三天,我想到一个词,用来提醒自己正沉迷于愤怒、朝着坑里跳,需要迅速恢复平衡。这就是"大"。大,大,大。对我来说,"大"意味着,在我开始因为愤怒而关闭心扉的时候,我得把它敞得又大又宽。过了没多久,在一轮漫长的步行冥想期,我又一次陷入了愤怒的幻想。这种精神状态有一种非常诱人的特质;在佛家典籍《法句经》里有一句话这样形容,"根有毒,而尖带蜜"。我问自己,"我从这里头得到了些什么?"我到底经常给了自己什么奖励,以至于我不断掉进这个坑?答案突然出现了:什么都没有!愤怒,的确是根有毒,尖带蜜!

这兴许是我第一次真正看出,沉迷于自以为是、自我指涉的思考,本身就带有奖励。就像来找我帮忙戒烟的人意识到烟味并不好,我也终于发现,伴随愤怒出现的趾高气扬,让我产生了紧缩的"兴奋感",令它得以延续下去。我需要听取孔子的建议:"攻乎异端,斯害也已。"

一旦我清楚地看出,我只是围着愤怒兜圈子,一点儿也没能接近这次静修全神贯注冥想的目标,有些东西就消散了。一如戒烟的人开始对吸烟失去兴趣，我对愤怒也逐渐祛魅了。每当看到它出现，我的纠结心越来越弱，因为我立刻就能尝到它的毒性。我不再需要有人用棍子打着我说，"快停下，快停下！"只要看到它，就足以让我松开手了。我倒不是说，这次静修里我再也没生气，或者现在也不会生气了。只不过，我生气的时候，不再为它感到兴奋。生气带来的奖励特点已经消失了。如果从奖励式学习的角度看，这种变化很有意思。

让我们重温一下路易斯对智能手机的评论：他们看着一个孩子，转身就走了，还说，你是个胖子。他们看到孩子的脸苦成了一团，说，噢，这感觉可不好。但他们（在手机上）写的是：他们很胖，他们走了，唔，很有趣。光是看到我们行为的结果，说不定就蕴含着大量的惩罚：如果它们伤了人，我们又看到它们怎么伤人，恐怕将来也不会有多兴奋地想要重复这样的行为。一如我看到自己在静修时沉迷于愤怒，我们也会对有害行为祛魅。为什么？因为他们受到了伤害。但很关键的地方在于，我们要真正准确地看到正在发生些什么。在这方面，正念可能大有帮助。我们必须取下自己带主观偏差的眼镜，它扭曲了我们对所发生事情的阐释（"唔，很有趣"），这样一来，我们才能清楚地看到自己行为所导致的一切。除非我们得到即时反馈（看到行为的后果），否则，我们学到的有可能完全是另一些事情。

转动桌子

我和朋友杰克·戴维斯（Jake Davis，他是个哲学家，之前是个僧人）讨论了将奖励式学习扩展到道德行为领域的可能性。和一位出过家的人做这样的对话，似乎很合适，因为他遵循着僧人的日常生活准则（vinaya，戒律）。他们有多少条戒律呢？按上座部佛教的传统，僧人有戒律两百多条，女僧有三百多条（差异很明显）。他同意，从习得行为的角度探讨道德会很有意思。他着手研究这个问题，几年之后，他成功地写出了一篇165页的论文，名为《完全清醒条件下的行为：注意力和情绪的道德》（Attention and the Ethics of Emotion），并获得博士学位。[3]

杰克的论文跳出了道德相对主义的论调，该观点认为，道德判断只有相较于特定立足点（比如具体的文化或历史时期）才有真伪的意义。他举了一个这类相对主义道德观的例子：对遭到强奸的年轻女性的"荣誉谋杀"。有些人或许认为这种做法不道德，另一些人可能强烈感到，这种传统的杀人行为对挽救家族荣誉至关重要。杰克并未依靠相对主义，而是把个人的情绪动机视为伦理评估的重点。他这样写道："我们对合乎道德的事情有什么感觉？我们对这种感觉又有什么感觉？换句话说，奖励式学习能不能跟正念（本例中指佛教伦理）融合，为个人提供境遇伦理？我们能不能因为看到了自己行为的结果而做出道德决定？杰克在论文的其余部分探讨了若干道德框架，包括菲力帕·芙特（Philippa Foot）论述的亚里士多德主义，约翰·斯图尔特·穆勒（John Stuart Mill）的功利主义，伊曼努尔·康德（Immanuel Kant）和大卫·休谟（David Hume）的理论，甚至享乐主义。他从哲学的观点比较了所有这些观点怎样层层推进，并指出了其潜在的局限性。

接下来，杰克讨论了现代心理学的证据。为什么在某些情况下，如果感觉某人对我们有失公平，我们宁肯损失钱，也要惩罚对方？"最后通牒游戏"就是为道德研究而设计的，它专门用来考察这种倾向。参与者 A（通常是计算机算法，但研究人员大多把它描绘成真实的人）与参与者 B（实验真正的受试者）分享一定数量的钱。参与者 B 决定是接受，还是拒绝拟议中的资金划分方式。如果 B 拒绝提议，双方参与者都不会得到钱。检验了多个场景，并计算出哪种类型的提议 B 愿意接受、哪些会拒绝之后，就可以确定出公平的设定点了。在此类游戏中，如果人们认为对方"玩得不公平"，他们会报告说，自己的愤怒和厌恶等情绪有所增强。[4]

但冥想者在这场景中表现出了更强的利他之心，比非冥想者更为乐意接受不公正的提议。[5]乌尔里奇·柯克（Ulrich Kirk）和同事们为这一现象提出了一些见解，他们测量了参与者在玩最后通牒博弈时的大脑活动。他们观察了前脑岛，这一大脑区域与身体状态的觉知相关，尤其是情绪反应（如厌恶等）。经证明，该区域的活动可预测不公平的提议是否会遭到拒绝。[6]柯克发现，相较于非冥想人士，冥想者的前脑岛活动降低。研究人员认为,这种较低的活跃度"令得他们从自己的行为里解除了消极情绪反应"。也许,他们能更容易地看到自己情绪的产生,蒙蔽了个人的判断(也就是说,令得他们落入了一味追求"公平"的主观偏差)。他们还认为,惩罚对方参与者并不能带来内在的奖励,故此决定不执行该行为。他们可以跳出"我要跟你死磕到底"的习惯循环,因为它给冥想者带来的奖励性,不如其他的回应。一如杰克在论文中所说,"报复性回应的代价,其实有可能超过了收益"。撇开公平不谈,做个混蛋比对人友善更叫当事人难受。

杰克总结说,我们兴许真的可以学习以文化和情境规范为基础(并存在主观偏向)的道德价值观。他根据行为心理学和神经生物学来建立观点,声称"诉诸我们人类道德社群所有成员保持警醒、不偏不倚时都会做出的伦理判断,我们就可以理解如下设想:对规范性真理,个体和集体既有出错的时候,也有弄对的时候"。换句话说,看到自己在从前反应中存在的主观偏差,或许足以帮助我们学习到共同的人类伦理。

斯蒂芬·巴彻勒似乎也认同这样的观点。在《佛教之后》(*After Buddhism*)中,他写道,觉知的发展"需要从根本上重新调整对他人感受、需求、渴望和恐惧的敏感性"。他继续说:"正念意味着,随着'解读'他人身体能力的提升,对他人的状况和困境产生同理心。"这也就是说,看得清楚是很有帮助的。他总结说,看得清楚,极有助于颠覆"利己主义的先天倾向",反过来又有助于"放弃自利反应"。[7]过分关注自我、存在主观偏差的眼镜让我们视线模糊,它让我们惯性地通过恐惧、愤怒等情绪来对世界做出反应。如果摘下这副眼镜,我们就能更清晰地看到自己行为带来的结果(通过更好地解读他人身体语言所实现),更熟练地回应每个瞬间的独特情况。

更充分地觉知我们的遭遇,或许有助于我们超越源自如下问题的一揽子行为准则:"为什么我必须(这么做)"以及"这该怎么适用于我"。当我们叫某人是胖子的时候,看到对方的反应,或许就无言却洪亮地说出了原因:"这就是为什么。"随着孩子们逐渐长大,如果他们能了解到自己行为的结果,或许就能够将"不要刻薄"这一规则应用到更宽广的道德决定上,而不是立刻寻找漏洞或出路,规避外界施加的限制(这个设想,说不定尤其适用于青少年和年轻人)。如果我们遵循生物规律(我们怎样逐渐演变出的学习能力),并开始关注身体对自己的提醒,那么,规则或许会变得更简单(虽然不见得更容易)。受到触发,做个混蛋。看看这会给双方带来多大的痛苦。不再重复。

给予让人感觉好

我们中有些人,看到这世上的不公正就会大为光火,对这样的人来说,正义的愤怒似乎是件好事。我们可能会觉得,政治家发表了激励我们投票的讲演,我们就会挥舞着拳头从沙发上跳起来。在YouTube上看到警察暴力执法的视频，说不定会激励我们加入宣传团体，或做一些社群组织工作。我们说不定还很好奇，如果我们不生气，那会发生什么情况。我们难道真的会瘫坐在沙发里吗？

在我的"愤怒"冥想静修中，我注意到自己的习惯对集中精神毫无帮助。我开始不再为它感到那么兴奋（祛魅），接着我发现，我为其他事情释放出了更多的精力。为什么呢？所有人恐怕都有过体会：愤怒是会让人筋疲力尽的！静修期间，我的精力改换了意图，让我的思想变得不再那么分散，更加专注。随着愤怒的消退，我得以把恰当的条件结合到一起，进入了一种非常专注的状态，一次能停留整整一个小时。这真是可喜的变化。

我在上一章提到，全神贯注需要的一个因素是喜悦。不是激动、不安分的兴奋，而是一种感觉宽广宁静的喜悦。由于愤怒和预期的兴奋会让我们转到相反的方向，我们需要找出哪些内心活动可以培养喜悦状态。

当冥想训练进入某个阶段时，我学习到了三步"分级"教学，它原本属于上座部佛教的内容。先从慷慨开始，接着进入善良行为，接着，实践完它们之后，进入到精神发展，就跟冥想里一样。传统和经验所得的相关见解可总结为：如果你整天表现得像个混蛋，就很难坐下来冥想。为什么呢？因为只要我们尝试聚焦在一个物体上，那么，这天里发生的所有触及了情绪化的事情，都会冲进我们的脑袋，让人无法集中注意力。如果我们没有说谎、没作弊、没偷东西,那么,坐到蒲团上时,就没那么多"垃圾要倾泻"——专门传授专注实践的冥想老师利·布拉辛顿(Leigh Brasington)喜欢这么说。如果这种良性行为是第二步,那么第一步慷慨又是怎么回事呢?

我们行为慷慨的时候,感觉是什么样的呢?感觉很好,是一种开放、喜悦的状态。实践慷慨,或许能帮助我们理解"放手"的感觉。我们赠给某人一份礼物的时候,我们是真的"放手"了。然而,也不是所有的慷慨之举都平等。如果我们给别人礼物,还期待回报,那会是怎么样的呢?因为期待获得某种形式的认可而捐赠一大笔钱,你觉得喜悦吗?我们为上司或约会对象挡门(好让对方通过),希望给他留下好印象,会得到什么样的满足感?撒尼桑罗·巴(Thanissaro Bhikkhu)在一篇名为"没有附带条件:佛家的慷慨文化"(*No Strings Attached: The Buddha's Culture of Generosity*)的文章中强调了《巴利三藏》里的一段话,罗列了理想礼物的三个因素:"捐赠者,在给予之前,很高兴;给予的时候,他的心灵受到启发;给予之后,他深感欣慰。"[8]这个顺序听起来很像是奖励式学习。捐赠者很高兴(触发因素);给予时,心灵受到启发(行为);给予之后,他深感欣慰(奖励)。

让我们以两种方式来看待挡着门(方便他人通过)的举动。我们正跟某人约会,希望给对方留下好印象。我们想到了挡门这种办法。如果我们希望得到一些信号表明自己做得很好(奖励),那么,我们大概会期待挡门这一举动能获得对方的一句"谢谢"或者"你真周到",至少是点头以示感激。如果我们没有得到对方的首肯,感觉就不太好。我们期待着一些东西,但没有得到它。特别是,这种缺乏认可,可以解释为什么有些人经常帮助他人,但回到家以后却筋疲力尽、无比倦怠,他们觉得自己没能得到欣赏,就像个当代殉道者一样。

反过来说,如果我们毫无私念地帮人挡着门,我们期待的是什么呢?什么也没有。因为我们并不期待获得奖励。约会对象是否会感谢我们,一点也没关系。可挡着门仍然感觉很好,因为这种行为带来了内在的奖励。给予的感觉很好,特别是当它没有附加条件,不受想在事后获得认可的期待所玷污时。《巴利三藏》经文里所指出的,说不定也就是这种情况。当我们无私地给予时,我们不必担心"买家懊悔",因为我们什么也不买。这种内在的奖励让我们感到欣慰,并留下一段记忆,促使我们下一次做同样的事情。大量的科学研究表明,慷慨有着让人身心健康幸福的益处。不过,与其我在这里描述它的运作细节来说服你,你为什么不自己亲自试试看呢?没有磁共振成像扫描仪、没有双盲实验设计,你也可以试试看。下一次,你替别人挡着门的时候,不妨看看你所体验到的幸福感(喜悦、温暖等),会不会因为心怀奖励期待(与无私心相比)而变得有所不同。这些结果能不能帮助你学会正确解读压力指南针呢?什么样的奖励,会将你引向压力;什么样的奖励,又让你远离压力呢?

CHAPTER 9

第 9 章

心 流

> 你的自我挡道了。
>
> ——（据说来自）慧海

小时候，我妈妈给家里的电视机装了把锁。她在我们电视的电源上安装了总开关，只有她有钥匙。6岁时，我父亲离开了，母亲忙于工作，独立抚养4个孩子。放学之后和暑假，我们很容易沉迷于动画片和冒险电视剧的迷人光芒。只要走到电视机跟前，那种麻木但又令人愉快的奖励（一种精神上的逃逸，躲进摄像机镜头前其他人描绘的生活和幻想里），轻而易举地就能触发我们。她不希望我们看着"蠢蛋管子"（她喜欢这么叫）长大，对电视机上瘾。她希望我们去寻找其他更有趣、更能动脑筋（又上瘾）的事情来做。考虑到美国人平均每天看4个小时的电视节目，我很感激她当年所做的一切。

我妈妈的挂锁逼得我老往外面跑，学会了在户外自娱自乐。我找到了自行车。初中时，朋友查理和我花了数不清的时间玩BMX小轮车，不是在骑，就是在修。我们送报纸挣些零花钱，然后用它来买新零件，车身稍微脏了点就使劲洗。距离我们的社区不远，有一处树木繁茂的空地，那

第9章 心　流

儿有许多条带坡道的泥土小径，甚至还有极具挑战性的双跳，也就是一个上坡紧接着一个下坡。在双跳上，我们的速度和时机必须完美。如果我们没有获得足够的速度，会撞到下坡道的边缘。如果我们的速度太快，又会跳过记号线。我们在这些小径上骑个没完，互相较量速度，练习跳跃。

因为是在印第安纳波利斯长大，我们家离泰勒大奥林匹克自行车体育馆很近。赛车场有一条露天环形赛道，成年人可以在这里骑行固定齿轮的赛道自行车。赛道旁边是真正的小轮车泥土赛道，我们也能用。它带倾斜转弯（当然是泥土的），还有巨大的斜坡，"梯形"跳跃，甚至三重跳跃！夏天的周末，妈妈会带我们去那儿赛车。

等我上了大学，山地自行车出现了。大一新生期间，我买了一辆在校园里骑，也跟朋友们去当地的山地自行车赛道骑。在医学院，我购买了第一辆带前悬架的自行车，可以在更具挑战性的地形上骑。圣路易斯周边一个小时车程范围内就有很好的路线，每个医学院班级里都有我能搭上线的同好（学业固然繁重，但我们总能找到时间出去骑骑车）。到了夏天，我开始和朋友一起去那些"真正的"山地自行车圣地骑行，比如科罗拉多州和怀俄明州。我们骑过杜兰戈巨大的下坡，骑过阿拉斯加基奈半岛漫长的单线赛道。在这些长途旅行中，我们通过"盛大"程度来判断骑行得怎么样。

就在这时，我接触到了心流。心流和习惯恰好相对。不走心地看着电视，或是碰到有人跟我们打招呼，我们自动回答说:"我很好。你怎么样?"这些都是刺激触发反应,但当事人并不怎么投入的例子。我们感觉就像是正在使用自动行驶功能,漂浮在某个地方(但不知道具体是哪儿),发着白日梦,昏昏沉沉的。相比之下,心流体验中的觉知是生动、鲜明、投入的。我们身在当下:离摄像机如此之近,对行动无比投入,我们忘记了从中抽离。当时,我还没有找到合适的语言来形容它,但在山地自行车骑行时彻底的忘我感,与我在事后判断它有"多么盛大"直接相关。虽然我在大学里创作音乐时也体验过超然瞬间,但在我记忆中,只有当我跟四重奏或管弦乐队的演奏配合无间时,才会那样。但在自行车上,我越来越频繁地体验到心流瞬间。

发掘心流

20世纪70年代,心理学家米哈里·契克森米哈(Mihaly Csikszentmihalyi)在研究人们为什么愿意放弃物质产品,换取诸如攀岩等"令人难忘的独特行为体验"时,创造了"心流"一词。[1] 对我们怎样概念化"巅峰状态",成了他一辈子的工作。接受《连线》(*Wired*)杂志采访时,他将心流描述为"全情投入在一种活动当中,而且只为了活动本身。"一旦发生这种情况时,就会出现美妙的事情:"'自我'褪去,时光飞逝。每一次行动、每一个动作、每一种想法,都顺着先前的(行动、动作和想法)自然来到,就像演奏爵士乐一样。"[2]

心流包括如下要素：

- 全神贯注地聚焦，扎根在当下瞬间
- 行动和意识的融合
- 反射式自我意识（如自我评价）丧失
- 一种能够应对特定情况下一切事情的感觉，因为人的"实践"成了一种无言的知识体现形式
- 人对时间的主观体验发生了变化，"瞬间"不断展现
- 一种本质上带有奖励的活动体验 [3]

在骑山地自行车的时候，我偶尔会失去对自己、对自行车和周围环境的所有感觉。不是浑然不觉那种，而是身心都沉浸其中。所有一切，都跟这种迷人的觉知与行为的融合，化作了一体。在我这辈子最棒的几次体验里，仿佛"没有了我"，但又似乎到处都是"我"。我能想出来的最好形容是，它们太精彩了。

我们都曾在这样那样的瞬间体验过心流。我们投入地做着自己正在做的事情：运动，演奏或听音乐，做项目。等我们从手里的事情抽身出来抬头一看，已经过去了5个小时，外面天都黑了，膀胱都快憋爆了，起初我们太专注了，根本就没注意。要是我们能按需生成这种体验，那就太棒了。

我体验过的心流次数越多，越是能在事后分辨出哪些条件提高了骑行中心流出现的可能性。接入心流的时间过了一年左右，我开始戴起自己的科学帽子，观察自己的体验，

着手确定这些条件，看自己能不能重复它们。

一本又一本的书，比如史蒂文·科特勒（Steven Kotler）的《超人的崛起》（*The Rise of Superman*），介绍了"心流瘾君子"的华丽冒险。"心流瘾君子"指的是极限运动员冒着生命危险追求完美的高潮，没错，心流也可能让人上瘾。许多作者都想找出秘密成分，并向这些运动员和其他心流瘾君子打听信息。2014年，经常爱谈及"心流"、频频打破纪录的极限运动员迪恩·波特（Dean Potter），接受了纪录片制作人吉米·奇（Jimmy Chin）的采访。

吉米：你喜欢各种各样非常激烈的活动，定点跳伞、高空扁带、无保护攀岩。除了肾上腺素之外，它们的共同点是什么？

迪恩：我这三项手艺的共同点是，冲进恐惧、殚精竭虑、美丽和未知。我愿意将自己暴露在生死攸关的情境之下，以便可预见地进入更高的觉知。碰到我一失手就会死的时候，为了求生，我的感知会达到巅峰，除了我每天都正常出现的意识，我还能看到、听到、感觉到、直觉出无比丰富的细节。这种对高觉知的追求，是我去冒险的原因。

此外，我在践行自己的手艺时，会清空自己，在冥想状态下施展，只关注自己的呼吸。这令得虚空显形。这种虚空需要去填满，不知什么原因，它吸引我，让我意识到自己最有意义的思考根源，并通常能带来一种跟万事万物相连的感觉。[4]

悲剧的是，2015年，波特在优胜美地表演定点跳伞时，从悬崖上跳下失手摔死了。

波特观察到，某些可预测的条件可创造心流。其一似乎是极端的危险。当我们处于危险境地时，没有时间去想着自己。我们专注于让"自己"活着。事后，自我会重新上线，像个关心孩子的家长那样抓狂，这真的很危险，你会受伤的，再也别那么做了！我清楚地记得有一回就碰到了这样的情况。在一次野外滑雪之旅中，我要淌过一条湍急的河（它会流入一口已经结冰了的湖泊），到一面非常陡峭酥松的雪坡上去。我背着一口沉重的登山包，里面装着一个星期的食物和装备。我不是滑雪高手，就脱下了带固定器的滑雪板，把它们当成锚点，在迈腿横渡时帮忙支撑体重。出脚，稳稳地踩住。出脚，踩住。出脚，踩住。等我安全地穿过河面，我环顾四周，开始评估现场。一股肾上腺素猛烈地冲击着我，一个声音在我脑袋里尖叫起来："天哪！你差点就死了！"先是全神贯注，接着才感到后怕。

几十年来，研究人员一直在争论怎样进入心流体验并保持，但就如何可靠地在受控环境下再现这一状态，什么样的大脑脑区应该激活（或失活）和什么样的神经递质应该参与其中，人们始终未能达成共识。濒死体验并非我们想要在实验室里检验的条件。

关于支持心流的条件（没那么危险的那种），还有别的线索吗？契克森米哈强调，任务的难度和表演者的技巧之间必须实现平衡。他指的是什么？我在山地自行车骑行之旅后开始思考这个平衡问题，逐渐理解了他的意思。当我在平坦、没有挑战性的路面骑行时，思绪可能会开始聒噪、游离。如果我尝试做一些技术性太强、力有未逮的事情，我会频繁摔倒或停下（并且对自己感到懊恼）。然而，倘若条件完美，在挑战性足够强，既不让人感到无聊，也不难得过分的路面骑行，我进入心流的可能性就高得多了。

从大脑的角度看，这一平衡概念，跟我们目前对自我指涉网络的认识是吻合的。当人专注于任务时，默认模式网络会变得安静，但在能助长无聊的环境下，它则会点亮。此外，它在自我评估和其他类型的自我指涉活动中，也会激活。当然，默认模式网络在冥想过程中变得非常安静。默认模式网络的"失活"，可能正对应着契克森米哈所说的"反思性自我意识的丧失"。

相关地，心流的其他许多要素，听起来跟冥想的各个方面也惊人类似：聚精会神、全神贯注地投入当下瞬间。在主观体验里，"当下"瞬间连续不断地展开，这是内在奖励。一如我们在本书中所探讨，这些描述也适用于正念，不管我们是进行正式的冥想，还是在度过一天的过程中时刻留心。当我们跳出自我，跃入生命的瞬间心流，那感觉很好。不足为奇，契克森米哈提到过冥想是训练心流的一种途径。

喜悦和心流又有什么关系呢？在前一章，我们看到，喜悦会因慷慨而产生，这是摆脱对自己关注的另一种表现。其他喜悦的源头如何呢？有支持心流的喜悦条件吗？在这方面，篮球明星迈克尔·乔丹或许是个很好的例子。他在芝加哥公牛队度过了大部分职业生涯。在此期间，他有172场比赛都拿下了超过40分！他最令人难忘的动作是什么？当他"进入状态"（这是体育迷对"心流"的叫法）的时候，他会伸出舌头。它说不定暗示，当他绕过防守队员，又拿下几分的时候，处于一种放松，甚至是喜悦的状态。如果我们知道自己上了兴头，为了比赛而兴奋不已，我们会放松甚至享受这一旅程。

公牛队拿下三连冠期间，菲尔·杰克逊（Phil Jackson）是乔丹的教练。他以鼓励运动员冥想而闻名，还把体育心理学家及冥想教师乔治·曼福德（George Mumford）带到芝加哥训练队员。几年后，杰克逊让曼福德训练科比·布莱恩特（Kobe Bryant）和洛杉矶湖人队。此后不久，湖人队也拿下了三连冠。赛前冥想环节，旨在帮助球员们放松，让球员对获胜的期待、对失败的恐惧松开手，专注于当下的状况。杰克逊在《十一枚冠军戒指：成功的灵魂》（*Eleven Rings: The Soul of Success*）中写道："我们最多只能希望，为成功创造尽量最佳的条件，对结果放手。这样的话，整场旅程会更有趣。"[5]

秘密调味酱

《巴利三藏》将喜悦描述为冥想时保持全神贯注的明确条件。一如我们在第7章中指出，它是涌往宁静的第四个唤起因素，并为全神贯注创造了条件。跟好奇心一样，它有着广阔而非紧缩的特点。在第 8 章提到过的"愤怒"静修期间，我练习了为心一境性铺垫条件。对于这类冥想，我学到的"配方"包含了五种"成分"。根据食谱的写法，请将以下"食材"混合到一起，注意力自然而然地就会集中了。

将思绪引向对象（唤起、应用）
让思绪停留在对象上（维持、延伸）
寻找，对对象产生兴趣（喜悦）
快乐，满足于对象（幸福）
思绪与对象的统一（固定）[6]

我反复将这些条件结合到一起，并在静修过程中保持了越来越长的心一境性。我的专注度不断提升。然而，有一次，我以为自己把所有要素都备齐了，可却总觉得缺了些什么。全神贯注的状态没能出现。我困惑地坐着。这些步骤之前都管用。我到底漏掉了些什么呢？接着，我审视了自己的心态，意识到自己不怎么喜悦。有趣的是，我不由自主地在脑海里笑起来，结果竟然让我再次进入了冥想状态。所有其他成分已经混合到一起，就等这最后一种了。加进去就行。

借用原力

就像我在骑山地自行车或静修冥想时所做的那样，能够多次重复的全神贯注条件（可带来专注于当下瞬间、自我评估缺席、内心喜悦体验),支持契克森米哈的论断:冥想是进入心流状态的一种途径。在《生命的心流》(*Finding Flow: The Psychology of Engagement with Everyday Life*)一书中,他写道:"原则上,人靠自身意志能掌握的任何技巧或学科都算数,只要当事人喜欢,冥想和祈祷都可以。"然而,作为创建心流条件的一部分,他强调人参与活动的态度和动机:"不过,重要的是,对这些学科的态度。如果人是为了成为圣人、为了锻炼身体以长出强壮的胸肌,或想通过学习而变得知识渊博,那么,大部分的益处就丧失了。重要的是要为了活动本身而享受活动,还要知道结果本身没关系,人对自己注意力的控制才是关键。"[7]

要阐释契克森米哈对态度的强调,不妨来看看它对心流的要素有什么样的影响。举例来说,如果我们冥想是为了达到某种神奇的装填,或者"达成至善",方程里就会隐含了自我指涉。而当体验里有了自我紧缩或抓攫,"我们"就跟"我们的"体验分离开来了。两者没办法合二为一了。换句话说,"我"骑着"我的"自行车。由于我不在其中,我就无法描述此刻展现的一些自我超越的体验。这也就意味着,我们越是努力想要实现心流,兴奋的紧缩就越是拦着我们,不让我们实现。我们的"我"挡了路。

看待态度及其对心流影响还有一种方式是,看它怎样带来了担心或自我怀疑。如果我担心自己可能会在山地自行车下坡时摔倒,当真摔倒的可能性就越大。电影《星球大战:帝国反击战》中,尤达大师在卢克天行者的绝地武士训练中指出了这一点。卢克开着 X 翼战斗机撞进了沼泽。作为训练的一部分,他尝试用"原力"将飞机抬起。卢克忙活得越来越努力,但他越是努力想把飞机抬起来,飞机就沉得更深。卢克向尤达抱怨说自己做不到,尤达建议他用另一种方法来代替强行努力。

尤达大师:"你必须忘掉学到的东西。"
卢克:"好吧,我试试看。"
尤达:"不!别试!你要么就去做,要么就别做。不要试。"

尤达指出,担心或怀疑等自欺欺人的态度会挡路。说到底,它们仍然是自我指涉。如果我们不再去想、不再担心自己能不能完成任务,只要它在我们的技能范围内,就能做得到。自我是可选项。

一些生物学数据支持这一设想。在我们的实时磁共振成像神经反馈研究中,一位经验丰富的冥想者报告说,她自发地进入了心流状态。在一轮实验后,她说:"有一种心流的感觉,和呼吸同在……心流在中间深化了。"她后扣带皮层(与自我抓攫关系最大的默认模式活动网络区域)活动显示了相应的明显下降。我们录制到了活生生的心流!

尽管这是一项传闻证据(也并不明确),但这很好地展示了后扣带皮层失活与心流的关系。其他大脑区域和网络也可能参与心流,但到底是哪些区域,我们对此尚无确论。在支持心流的条件下(如爵士乐即兴表演和花式饶舌说唱),

人们也考察过其他脑区,但迄今为止,后扣带皮层是唯一稳定与心流相关的区域。⁸ 考虑到心流中"抛开自我"是核心,后扣带皮层可能是心流出现必要条件之一的标志。

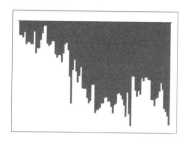

一位资深冥想者在一轮磁共振成像扫描中进入了心流。图表显示,跟她的主观报告相对应,后扣带皮层活动出现明显下降(图的中间部分)。每一竖条代表持续两秒的测量。

音乐心流

演奏音乐或许是创建心流的最佳体验之一,不管是在小型弦乐团、爵士乐团里表演,还是在大型管弦乐队里表演。回想起来,早在高中跟人四重奏的时候,我大概就进入过心流。在大学,整个普林斯顿管弦乐队,曾有过一次舞台超然体验。在英格兰巡回演出时,我们在皇家音乐学院演奏拉赫玛尼诺夫第二交响曲的第二乐章。随着演奏一点点地深入,所有东西和所有人,都融合在一起。时间停止了,但我们继续前进。正如 T.S. 艾略特在他的不朽诗篇《四个四重奏》(*Four Quartets*)里所写的。

> 在转动不息的世界的静止点上,既无生灵也无精魂;
> 但是不止也无动。在这静止点上,只有舞蹈,
> 不停止也不移动。可别把它叫作固定不移。

> 过去和未来就在这里汇合。无去无从，
> 无升无降。只有这个点，这个静止点，
> 这里原不会有舞蹈，但这里有的只是舞蹈。
> 我只能说，我们曾在那儿待过，但我说不出是哪儿。
> 我也说不出待了多久，因为这样就把它纳入时间。[9]①

音乐会结束后，我们都指出了当时的情形。发生了一些神奇的事情。它可能是长期练习和目标统一的完美结合，并最终因为在著名音乐厅演出而达到高潮。谁说得明白呢？不管怎么说，接下来的几天，管弦乐队里的每个人似乎都闪闪发光。

在我的医学和研究生岁月里，我继续在一支半专业的四重奏乐队里演奏，并因为"做喜欢的事所带来的神奇经历"（这是契合森米哈的说法）而欣喜不已。我们的小乐队叫"加油四重奏"，所有乐手都不靠表演音乐为生。我们都是因为喜欢演奏而练习和表演的。

学习技能（本例中，指的是练习演奏直至娴熟），对心流的产生十分重要。你必须学习乐曲，而且，怎样练习，对学习或许也非常关键。举一个极端的例子：如果我无精打采地在小提琴上练习音节，有些音符甚至还弹得走了调，这么做会比完全不练习更糟糕。为什么呢？因为我学会了不着调地演奏。就像要把冥想（或者蛋糕）的合适配料放到一起，音乐练习的质量，对我们演奏时能否进入心流带来

---

① 此处诗歌节选出自汤永宽译本。——译者注

了巨大的影响。如果练习的质量高，出现好结果的概率会大大增加。我和同事马特·斯坦菲尔德（Matt Steinfeld，他在做心理学家、修习冥想之前，曾在茱莉亚学院受训）一同撰写过一篇论文，名为《将音乐重构为正念实践的心理益处》(*The Psychological Benefits from Reconceptualizing Music Making as Mindfulness Practice*)，对这些条件做了描述。[10] 以下是文章的几个重点，它们跟心流及奖励式学习相关，不仅适用于音乐，还可以应用到你学习的任何东西上。

- 不要自我打击。不足为奇，任何乐手都可以证实，我们可以成为自己最大的敌人：在排练时自我指责，产生表演焦虑，或者因为搞砸了表演而打击自己。我们越是陷入这些习惯循环中，就越是在练习失败而非成功。

- 慢慢来。专注并仔细地从头学习怎样演奏一支新作品，一开始会让人觉得十分乏味，可我们必须确保学习正确的技巧和音乐结构。如果没有先分别掌握所有部分，就急着去演奏整部作品，这可能是不安或懒惰的表现。

- 搞砸的话别太上心。当失误出现时要尽快把它们抛开，这有助于我们避免把问题越弄越复杂。分析我们做了些什么，或是老想着有没有人注意到，是自我意识的形式。忽略这种潜在的干扰，可以避免小失误愈演愈烈变成大失误（或者更糟糕）。

- 质量甚于数量。在疲倦或不专心的时候学会停下，这是个关键。我们的自我常常说，要继续下去，以便向自己和同伴乐手吹嘘：我们那天练了6个小时！这条建议还适用于不为"没练够该练的时长"而感到内疚。

如果我们练习时不专注，坏习惯很容易偷偷摸摸地出现。著名橄榄球教练文斯·隆巴迪（Vince Lombardi）说过："练习并不能造就完美。完美的练习才能造就完美。"音乐有个好地方在于，它增加了一种神奇的成分，帮助我们超越以自己为中心的日常体验。当我们为了音乐本身而演奏音乐，各个元素将汇聚到一起，令得音乐自己发出昂扬的、喜悦的"哈利路亚"。完美的练习为我们实现心流奠定条件。

迪恩·波特似乎拥有幸福（虽说颇为短暂）的生活。他发现了能重复心流状态的条件，但最终代价很高。《超人的崛起》曾做过这样一番描述。波特喜欢飞行甚于坐着冥想，因为他喜欢通过"欺骗过程"来寻找心流。"我可以选择容易的方式，"他说，"我可以坐上两个小时，只为了有短短15秒钟能一窥心流状态。我也可以拿性命冒险，立刻进入心流，而且将持续几个小时。"[11]

有趣的是，随着时间的推移，我发现冥想其实恰恰相反。因为我已经学会把恰当的成分放到一起，我的冥想练习随着岁月的推移越发深化。有了它，我在山地自行车骑行、演奏音乐，从事其他活动中进入心流的能力也提升了。有没有可能，寻找合适的条件并仔细练习，有助于大脑强化支持心流的神经通路呢？毫不奇怪，跟其他任何事情一样，只要我们确定触发内在奖励行为的条件（如山地自行车、冥想、音乐等），大脑就会学会这种"行为"。具有讽刺意味的是，凭借同一种奖励式学习通路，我们完全可以不陷入无意识的习惯，脱离世界（比如看电视、酗酒、嗑药），而是更投入这个世界。

CHAPTER 10

第 10 章
训练韧性

> 当你感觉与万事万物都相连相接,你也会感觉对万事万物都负有责任。你不能转身离去。你的命运与他人的命运捆绑在一起。你要么学会承载万物,要么被它碾得粉碎。你必须变得足够强大,才能热爱这个世界;可你又必须足够坦然,才能跟这世界上最可怕的恐惧坐在同一张桌子上。
>
> ——安德鲁·博伊德(Andrew Boyd)

有个流传甚广的故事,说的是两个和尚:一位是睿智的老和尚,一位是年轻的小和尚,两人沿着一条小路无声地走着。他们来到一条河边,水势汹汹,流速湍急。他们准备蹚水过河的时候,一名年轻漂亮的妇女来到河边,望着湍急的河水。因为担心自己可能会被河水冲走,她问和尚能不能背自己过河。老少和尚面面相觑;他们都发过誓,不得触摸女性。可是,老和尚没说一句话,背起女人帮她过了河,继续上路。这位年轻的小和尚简直不敢相信自己的眼睛。老和尚怎么能这样违背出家人的戒律呢?过河以后,年轻和尚追上老和尚。他没说话,但思绪狂奔了几个小时。最后,他再也克制不住了,脱口而出,"身为和尚,我们发过誓，不得接触女性！你怎么能把那个女人背在背上？"睿智的老和尚回答说，"过了河，我就把她放在岸边了。你怎么却还背着她？"

老和尚实践的是基于情境的伦理决定。年轻和尚只看到老和尚违背了誓言，却没看到他帮助女人过河，减少了受苦。睿智的老和尚尝试区别对待有用的指导原则和僵化应对一切情况的教条。这也是一个很好的例子，说明如果我们继续坚守个人观点，会怎样自己挡住自己的路。

这本书强调了这个观点：如果我们密切关注自己的习惯怎样建立，就能够打破它。不管是不知不觉地做起了白日梦，还是为了购买毒品而行窃，每当我们陷入自己的行为不可自拔时，都是在加重自己生活中所承受的负担。当我们因为浪费时间、没能完成项目而自责，或是明知道自己再次嗑药将会对家人造成伤害却还是固态萌生时，这种负担会变得更为沉重。有时候，我们就像是西西弗斯，他受到众神的惩罚，要在冥界哈迪斯把一块巨石推上山，可每当快到山顶，石头就又滚回山脚，西西弗斯只能一次又一次地去推。他必须永生永世干这份苦工。我们的生活似乎也带来了同样的感受：我们无法将自己的巨石推上山顶，随着时间的推移，它们越变越重。然而，生活不必变成是西西弗斯式的斗争。我们不需要汗流浃背地背负习惯的负担，把习惯构成的巨石一次次地推上山。当我们察觉到额外的负担越来越重，我们可以开始扔包袱，一边往前走，一边减轻负担。轻身上阵的感觉很好。当我们继续这一过程时，不必背着额外的负担，我们的步履会愈发轻快，并且，随着旅程的展开，我们最终会切入心流。

还有一种看待年轻和尚背包袱的方式是透过韧性的镜头看。我们可将韧性定义如下：

- 物质或物体弹回原状的能力，弹性
- 迅速从挫折中恢复的能力，坚强

和尚的故事表明，年轻人欠缺韧性。因为，追求幸福（或至善）并没有简单的规则可循。常见的幸福公式往往是：如果 X，那么 Y。然而，这类的幸福取决于我们身外的东西，并未考虑到我们、我们的环境，随时都在变化。很多很多次，由于我们的世界发生了改变，"如果 X，那么 Y"的公式不再发挥作用，或者很快就过了时。我们贯穿一生所形成的习惯也是这样。在不断追求稳定的过程中，我们基于内外部的触发因素，养成了"如果 X，那么 Y"的习惯性反应，而这些反应方式，同样会过时。

这种习惯常常感觉就像阻力一般。我们的跨栏运动员洛洛和心流爱好者迪恩，从一开始，身体就足够灵活，也想让思想达到同样的灵活性。如果情况并非如此，也就是我们所作所为恰好相反的时候，事情会是什么样呢？有多少次，我们或同事建议在工作中尝试新东西，结果，我们还没来得及解释或分析提议，就引发了一波阻力？我们可能在身体和心理上都感觉到了一阵闭合紧缩。

我在自己的患者身上一次又一次地看到这种情形。他们走进我的办公室，我立刻可以从他们闪闪躲躲的目光、不敢跟我直视的眼神里判断：出事了。一些一直做得很好，好几个月甚至更久都没碰毒品、没碰酒精的人，开始讲故事：家人生病了，自己的配偶丢了工作，恋爱关系破裂了，或者其他一些生活里的重大事情妨碍了他（她）的恢复。虽然无意于此，他沦陷在了努力想要抵挡的事情里，让自己更加难于身在当下、努力解决问题了。

更糟的是，他们告诉我，自己怎样因为无法应付压力而复发。如果未经某种训练来提升韧性或适应性，旧习惯就会报复般地"凯旋"归来："碰到棘手的事情，我就是这么做的。"他们告诉我。因为压力大，他们的前额叶皮层下线了，他们重新回到了吸烟、酗酒、吸毒等熟悉的自动习惯上。所谓的"自动"，我指的就是"自己动"：他们经常形容说，自己在吸着烟、喝着酒的过程中"醒过来"，完全不明白燃着一半的烟怎么落到了自己的嘴里。等他们把心底的故事吐露出来以后，我们着手深入了解他们复发的细节。他们总是指出，自己的复发对任何事情都没有帮助，反而让事情变得更糟糕。没了必不可少的额外精神灵活性，他们会重新投入旧习惯的怀抱。这就像，乐器上的琴弦绷得太紧，再稍微加一点压力，它就会断掉。

如果我们能够培养起精神柔韧性来应对生活中出现的许多变化和挑战，我们就可以放松琴弦，给琴板加点润滑；这样的话，不管在任何时候，倘若出现来自阻力的不必要负担，它也会变得更容易背负。只有这样，我们才能从艰难局面里恢复过来，获得足够的弹性，随着事情的变化懂得转换。若能把这一能力延伸到极致，原本视之为棘手的事情，说不定也可以变成成长的机遇。《道德经》里有云：

> 治人事天，莫若啬。夫为啬，是谓早服，早服谓之重积德；重积德，则无不克；无不克，则莫知其极；莫知其极，可以有国；有国之母，可以长久：是谓深根固柢，长生久视之道。[1]

现在让我们来看看我们习惯性地强化的具体方式，以及怎样将这些习惯视为培养韧性的机会（而不是因为它们栽跟头），怎样在这个过程中反弹，并且变得更加富有弹性。

共情疲劳

让我们从共情开始吧。共情是"理解和分享别人感受的能力"。能够把自己放到别人的立场上，往往被视为一种很有用的能力。与此同时，如我们所见，人怎样与情境相联系（这里指的是，站在他人立场），跟情境本身同样重要。

医学院教导我们，要对患者共情。大多数医生（包括我自己）和其他医疗专业人士都是因为想要帮助他人才学医的。强调共情很有意义：我们越是能站到患者的立场，就越有可能帮助到他们。研究表明，在医生中，"共情分数"越高，跟患者（不管患者是在抵抗感冒，还是学习更好地控制血糖）痊愈时间更短相关。[2] 遗憾的是，到了医学院的第三年（此时，大多数学生已经完成了课程，开始临床轮班），共情就表现出减少的趋势。这种下降，会持续到新医生开始做住院实习甚至再往后，等他们成为执业医师，高达60%的人报告共情能力已经完全磨灭了。比方说，他们报告，自己对待患者，就像是在对待东西；他们感到精疲力竭，等等。他们失去了弹性。³

我们医生当然进不了韧性名人堂（连提名都混不上）。这种普遍现象现在被称为"共情疲劳"。如果我们善于把自己放在患者的立场，我们的患者在受苦，那么，我们也在受苦。当我们清醒地认识到，受苦就是痛苦，我们自然会保护自己不受苦。看到受苦（触发因素），保护性地收缩或自我疏离（行为），感觉更好（奖励）。伴随着每一次收缩，我们都变得更加僵化，缺少韧性。

这里存在一个两难困境。没有人会说，医生就应该当烈士，把自己扔在苦难的大巴上，这样才能保证患者的血糖水平得到很好的控制。可如果我们确实跟患者感同身受，患者似乎会做得更好。我们该怎样应对这个看似矛盾的局面呢？第一步是检验我们的工作假设：面对患者的痛苦，我们会报以让自己痛苦的反应方式吗？具有讽刺意味的是，根据传统的共情定义，如果答案是肯定的，我们将能在共情量表上得到10分。其次，我们这里显然是漏掉了一些东西。事实上，医学界对共情的定义或许仍然存在商榷的余地：他们不仅仅应该考虑"理解和分享他人感受的能力"。

标准的共情定义里缺少的或许是该行为背后的动机。

医生们投身医学事业，是为了帮助人们，减少痛苦。考虑到这一点，我们怎样才能学习与患者保持联系，却又不被这种联系给弄得心力交瘁呢？慈悲（compassion）的概念可以在这里发挥作用。"compassion"一词来自拉丁文"compati"，意思是"与……一同受苦"（患者"patient"一词也来自拉丁文"pati"，意思是"受苦"）。践行慈悲，能不能帮助我们与某人一同受苦（也就是说，"感受到他们的疼痛"），却又不被痛苦吸进去呢？答案或许是肯定的。

"被吸进去"，必然意味着有人被吸了进去。一如本书所指出，延续自我意识的方法有很多。如果我们学会不把事情往心里去，也就是说，不从"这对我会有怎样的影响"的角度来看待它们，一些可能性就会呈现出来。从佛教的视角来看，放弃我们的习惯和主观反应性，同样能减少受苦。

建立保护屏障让我们免受收缩感的伤害，跟不带自我保护时所做出的反应非常不同。如果我们能够看出见证受苦所触发的不同反应类型，就可以区分出奖励式学习反应（自我保护）和真正的慈悲（无私）。

当我面对受苦时，很容易区分自私的反应和无私的反应，前者感觉像是关闭，后者感觉像是扩张。这种体验的特点，跟慈爱和心流有着一些共同特征：我思绪里紧缩的、自我指涉部分不再挡路。此外，把"我"放到边线（甚至把它放到场外），我就不必为保护自己在赛场上免受伤害而担心。将这一认识带回共情疲劳的概念里：去除"我"元素，释放出用于自我保护的能量，从而消除了由此产生的疲劳。

换句话说，因为患者的受苦而上心，让人精疲力竭。如果不这样做，人就自由了。我们怎样走进患者的病房，怎样跟他们视线接触、倾听和回答问题，患者分辨得出两者的差异。整个沟通环节，可以给人留下不近人情、封闭、无菌的印象，也可以让人感受到温暖、开放。让患者体验到后者，会让他们的满意度提高，健康结果得到改善。而且，它是双向发挥作用的。

罗彻斯特大学医学院的医生米克·克莱斯纳（Mick Krasner）和罗恩·艾普斯特恩（Ron Epstein）想知道正念训练是否有助于减缓医生的共情疲劳。[4] 他们设计了一套强化教育方案，培养自我意识、正念和沟通。在为期8周的时间里，他们对主治医生做了培训，并在培训结束及一年后分别测量了职业倦怠和共情得分（以及一些其他指标）。

与基准相比，克莱斯纳和同事们发现一系列指标都存在明显差异，包括倦怠减少，共情和情绪稳定性增强。他们的研究结果为如下观点提供了实证支持：如果我们不沉迷于自己的反应，我们自己和患者都能受益。随着医生和病患护理的这些方面变得更加清晰，我们很想看一看，共情的医学定义能不能逐渐演变，包含更多建立在慈悲上的理解力，从站在他人立场助长了个人的痛苦，过渡到陪伴他人走过受苦过程。或许，慈悲训练和相关技术，将取代共情训练。一些医学院已经将正念纳入课程。

医疗实践只是融入个人体验，以求在个人或职业生活里区分自私反应（偏向于保护"我"）和无私反应（基于情境、自发自觉）的多种方式之一。

当我不把受苦往心里去，释放出来的能量就可以循环利用，帮助他人。事实上，看到别人在受苦，我很自然地就想要帮忙。我们中许多人都有过这样的体验。不管是朋友因为情绪困扰打来电话，还是看到新闻里的重大自然灾害，当我们从对自己的担忧里往后退一步，会发生些什么？很奇怪，我们会朝着痛苦靠过去，倾听别人，主动捐款，或采取其他行动。为什么呢？谁说得准呢？一如我们对慈爱或慷慨的认识，出手相助显然会让人感觉舒服。学会对反应性习惯放手（包括自我保护），这一类的奖励自然可提供我们的韧性。

（去）阻力训练

本书探索了我们将自己指向某类不安（虽然这不是我们的错）的种种情形。不管因为在 Facebook 上获得"赞"而感到兴奋，还是某类自我观点得到强化，还是单纯地沉迷于思考，这些以自我为焦点的活动都会带来一些后果，让我们的身体紧绷、不安，或亢奋地想"做点什么"。我们越是强化这些习惯，它们在我们的大脑回路及相应行为里就越是"说来就来"。我们在这些回路里陷得越深，它们就越是容易变成把我们卡住的沟壑。换个比喻来说，它们会变成我们不知不觉戴上的世界观眼镜，我们甚至根本意识不到自己正戴着它们。

当我们碰到某种阻力时，这可能是我们卡进沟壑或者掉进坑里的信号，讽刺的是，这正是我们之前自己挖的。我们越是沉浸于一种观点或行为，给自己挖的坑也就越深。我们都曾经在争吵中体验过这种感觉。在某种程度上，我们意识到自己只是在教条般地一较高下，而且我们的观点也越来越荒唐。然而，不知道什么原因，自负不允许我们后退。我们已经忘记了"挖坑规律"：人在坑里，别继续挖。[5]

此外，这本书揭示了简单的正念觉知帮助我们看到，自己是在坑里越挖越深（也就是，通过自己的主观偏差看世界），还是在强化模式，给自己铺垫将来染病更甚的模式。如果我们以不安或压力为导向，它们就能变成我们的指南针。正念帮助我们查看指南针，判断自己是走向痛苦还是远离痛苦，是在更深地挖坑，还是放下了铲子。让我们对这一点继续分解。

制作指南针需要什么？由于地球有南北磁极，可自由转动的铁磁针会与之吻合，将针尖指向南与北。换句话说，由于某些原因或条件（地球具有磁极，并且指针带磁性），我们可以预期或预料特定的效应或结果（指针将指向特定方向）。一旦发现了地球的磁场，人们就可以制造出适用于世界各地的指南针。如果我知道这些基本规律，我就可以教你怎样制作指南针；不需要特别的指针或仪式，只要有正确的素材即可。凭借这一知识，我还可以预测指南针不能发挥作用的情况，比方说，当它周围有磁铁的时候。

如前所述，正念的起源可以追溯到 2500 年前的印度次大陆，一个名叫悉达多·古达玛（也就是佛陀）的历史人物。他大致生活在公元前 563 年到公元前 483 年。有趣的是，他最简单也最出名的一些教导，听起来就跟指南针为什么能发挥作用的物理学解释差不多。他主张人类行为可以从条件性的角度来描述：大部分行为遵循直接规律，类似于自然法则（例如"指南针可指南北"）。他进而提出，基于这些规律，我们可以预料，特定的原因将导致特定的结果。

佛陀的教诲专注于受苦："我只教一件事——唯一的一件事——受苦（不安、压力）和受苦的结束。"指出这一核心原则很重要，因为它就是佛陀用来指向自己教诲的指南针。据说他弄清人类可以从心理上掌控不安之后，佛陀就开始向其他人传授这些自然的规律，好让大家学会清楚地看清不安的成因，以及推而广之，终结不安的办法。

《巴利三藏》第一教义的名字，就被翻译成"启动真相之轮"。[6]佛陀在文中描述的内容，或许是流行文化里佛教最出名的地方：四圣谛。他首先拿出指南针，告诉我们不安来自哪里："诸僧众，苦谛，是这样，与不愉快的关联是受苦，与愉悦的分离是受苦，得不到人所欲的是受苦。"他指出，我们的行为有着逻辑性，就像指南针与物理定律相符合那样简单直接。如果有人对我们大喊大叫，这感觉不舒服。我们与亲人分离，感觉也不好。一如指南针不断朝着南北定位，重复这些行为，往往也会带来相同的结果。

接下来，在指出了不安的逻辑性后，他列出了它的成因。他说："苦谛的根源（因）是这样，它就是渴望。"他认为，如果有人对我们大喊大叫，我们老想着让那人停止喊叫，会让事情变得更糟糕。同样，当我们的配偶或伴侣外出旅行时，相思和埋怨并不会让对方出现在我们的怀抱里（而且也会让我们的朋友心烦）。这一教诲，就像是物理学教授画出了指南针的红色指针，说："这就是北。"从前，我们只知道有一个方向是北；现在，我们指向了南和北。如果我们朝南（因），就会受苦（果）。我们只需要观察压力，就可以把它当成指南针用了。

接着，佛陀发表了第三点意见，"放弃（渴望），交出去，从它当中释放自己"，能"让人完全停止那种渴望"。朝着北走，你的受苦就会缓解。如果情人离开一个星期，又如果我们不再对她日思夜想，而是专注于我们眼前的事情，看看会发生些什么（我们说不定会感觉更好）。如果我们深深地投入到手头的任务里，我们可能会忘记还剩下多长时间，直到她回来，接着：嘭！她回来了。

最后，佛陀指明了一条通往第四条真理，也就是能导致"受苦终结"的路，他给出了详细的地图。

斯蒂芬·巴彻勒（Stephen Batchelor）在《佛教之后》（*After Buddhism*）将四圣谛形容成一项"四重任务"：

理解受苦，
出现反应行为，要放手。

观察反应的消停,并且

开垦出一条……扎根于正念觉知视角的道路。⁷

按照这样的框架,佛陀第一教义的语言(愉悦、不快、受苦)和他对因果的强调,听上去就像是操作性条件反射了。按照自动或下意识的方式行动,快速满足渴望,反而给它提供了养料。我们已经看到过这种习惯循环的许多例子。在生活中,我们习惯性地根据自己的主观偏差对情况做出反应,尤其是在没有得到自己想要的东西时。对习惯性反应投以正念觉知,帮助我们退出受苦的循环——依赖觉知本身,而不是陷入反应。巴彻勒毫不含糊地阐述:"'生起'表示渴望;贪婪、仇恨和妄想……也就是说,不管是什么反应,都是我们与世界的接触所触发的。'终止'表示该反应的结束。"⁸

回到韧性的概念,我们可以看到反应性恰好与韧性相对:阻力。为什么我们不假思索地就拒绝一个新的观点?我们正在根据某种主观偏差做出反应。为什么我们接受不了情人提出分手,有时甚至苦苦哀求呢?我们是对自我遭受打击、安全感的潜在丧失做出反应。如果我们有韧性,我们可以在体验新情境的过程中,顺势而为。如果我们有韧性,我们不会拒绝或回避悲伤的过程。面对自我依附和威胁感,我们能够更快地恢复过来,没有负担地继续前进。

随着我们一天天地走过人生之路,看到自己有多少次为无法控制的事情做出条件反射般的反应(或是一味抗拒),

有助于我们更清楚地理解：我们这是在训练自己的抗性（阻力）。我们要锻炼自己的肌肉，好去对抗那个"坏"（新）想法。我们正在构建防御体系，好在被甩的时候免受伤害。这些做法的最终目的是让自己变得强硬，不让自己脆弱易损。西蒙和加芬克尔乐队曾在《我是一颗石头》（*I Am a Rock*）这首歌里形容说，修筑一道保护的墙，这样就"没人能碰到我，"这是一种想要回避人生里情绪过山车的病态尝试。用隔离来解决受苦：一座从不哭泣的孤岛。

一如民谣二人组所指出的，阻挡是有代价的。我们越是与世界隔离，我们就越是怀念它。还记得我们基于逻辑的系统 2（我们的自我控制机制）吗？斯波克先生没有情绪。他是为无偏差行为做过优化的。对大多数人而言，情绪（它属于大多数时候占主导的系统 1）是"我们是谁"的核心，故此，如果我们受到压力或过度情绪化时，系统 2 就无法很好地运转。

在任何类型的成瘾行为中，反应性都是通过重复（阻力训练）来增强力量的。每一次，我们上 Facebook 看自己有了多少个"赞"，都是在推起"我"的哑铃；每一次，我们响应触发因素抽起烟来，都是在做着"我抽烟"的俯卧撑；每一次，我们兴奋地跑到同事那里，告诉她我们最新最了不起的想法，都是在做着"我很聪明"的仰卧起坐。我们锻炼得太多了。

到了某个时候，我们不再围着自己的积极和消极强化循环圈奔跑了。这是什么时候发生的？大多是在我们筋疲力尽的时候，我们厌倦了所有的杠杆压力，开始清醒地意识到，我们不会抵达任何地方。当我们停下来，观察自己的生活时，我们可以退后一步，发现自己迷失了方向，哪儿也去不了。我们可以拿出指南针，看看自己是不是一直在朝着错误的方向走。这里最棒的地方是，只要注意到我们是怎么给自己找压力的（保持正念之心就行），就可以开始训练自己选择另一条路。

不过，我们的阻力训练也不会白费功夫。因为它将有助于提醒我们，哪些行为会把我们带到错误的方向，日复一日地愈发不安和不满。我们越是清楚地看到这种不必要的结果来自一种重复行为，我们就会变得越来越祛魅，也越少不自觉地为这种行为所吸引。我们不再为从前认为是快乐源泉的东西感到兴奋了。为什么呢？因为放手、单纯地做自己所带来的奖励，比不安更好。我们的大脑是为了学习而演变出来的。然而，我们大多数人不曾学过，指南针针尖的红点表示北方。只要我们清楚地看到紧缩、自我强化的奖励，与开放、扩张、喜悦的自我遗忘所带来的奖励有什么不同，就能学会解读指南针。然后，我们重新定位，开始朝着另一个方向前进，去追求真正的幸福。知道一种工具是怎么用的，带给人很强的力量感；我们可以充分地利用它了。面对自己的痛苦，我们无须退缩，或是因为自己陷入另一种习惯循环而呵斥自己，我们只需要拿出指南针，问问自己："这是在朝着哪个方向走？"我们甚至可以向自己的习惯鞠躬表示感激，因为，从这一刻起，它开始扮演老师的角色，帮助我们了解自己和自己的习惯性反应，让我们得以从经验中成长。

让我们继续使用阻力训练的比喻。在健身房训练时，我们会计算需要举多重、举多少次、保持多长时间来对抗重力（阻力）。锻炼的每个方面都有助于加强我们的肌肉。本章开头故事里的年轻和尚一直扛着自己的精神负担，直到它变得太沉扛不动了为止。等他再也扛不动的时候，他愤怒地把负担扔在了自己同伴的脚下。

在着手进行任何类型去阻力或反阻力训练（不管是参加正念减压课程，还是使用其他技术）时，我们都可以将这三类健身指标应用到自己在生活里的反应性上。对某事当了真、往心里去，这样的反应在我们身上有多常发生？要弄清楚，最简单的方法是寻找特定类型的内在紧缩感（它表示了一种冲动或执着）。请记住，面对愉快或不愉快的体验，这种身体感觉都会出现。这种负担有多沉重，也就是说，我们受到了多大的压力？最后，我们会扛着它多长时间？对我们的反应性行为获得清晰的视角，将很自然让我们转到反面去：放手。我们可以使用相同的指标来检查自己在这方面的进展。对自己过去习以为常的反应，我们有多少次能放手？或是不按照习惯性的方式加以反应？当我们挑起了某样东西，它是不是比从前更轻了（也就是说，我们会不会为它所困）？我们会扛着它多长时间？如果我们注意到自己正扛着什么东西，能多快地把它卸下来（而不是重新扛起来）？

我们可以将去阻力训练视为一种探索，而不是一种非得取得某个结果的教条框架。指向压力，或指向压力的对立面，不会给我们带来什么特别的东西。反而是给予关注能帮助我们随时朝着特定的方向前进。我们对指南针越是熟悉，就越是容易意识到，这种"就这样"的存在模式是多么方便好用。我们无须做什么特别的事情，也无须为了获得某样东西到某个地方去。我们只需要学习"按自己的方式来"是什么感觉，其他的自然会就绪。睁大眼睛，看个清楚，能让我们朝着这个方向前进。T. S. 艾略特在《四个四重奏》一诗第四曲末尾时写道：

> 我们将不停止探索，
> 而我们一切探索的终点，
> 将是到达我们出发的地方，
> 并且是生平第一遭知道这地方。
> 当时间的终极犹待我们去发现的时候，
> 穿过那未认识的，忆起的大门
> 就是过去曾经是我们的起点；
> 在最漫长的大河的源头，
> 有深藏的瀑布的飞湍声，
> 在苹果林中有孩子们的欢笑声，
> 这些你都不知道，因为你
> 并没有去寻找，
> 而只是听到，隐约听到，

在大海两次潮汐之间的寂静里。
倏忽易逝的现在,这里,现在,永远——
一种极其简单的状态
(要求付出的代价却不比任何东西少)。

他提到的"一切"可以阐释为,我们在生活里戴过的每一副眼镜,而随着构建、防御和保护自己的自我意识,我们还会继续戴着它们。如果我们抛开所有这些主观偏差,对自己的世界观松开手,完全不挡着自己的路,那会是什么样子呢?他这样写道:

而一切终将安然无恙,
时间万物也终将安然无恙,
当火舌最后交织成牢固的火焰,
烈火与玫瑰化为一体的时候。[9][㊀]

听上去还蛮有奖励感的。

㊀ 此处诗歌节选出自汤永宽译本。——译者注

POSTSCRIPT

后记
未来就是此刻

> 你无法强迫幸福。长期而言,你无法勉强任何事。我们不靠蛮力!我们需要的仅仅是足够的行为设计。
>
> ——弗雷泽先生,斯金纳所著《瓦尔登湖第二》中的人物

贯穿本书,我们探讨了人为什么有可能对几乎任何东西上瘾:香烟、酒精、麻醉品,甚至自我形象。这不是我们的错。把行动和结果、刺激与奖励结合起来以求生存,是写在我们DNA里的。斯金纳等人对行为的研究表明,了解这些学习过程怎样运作,有助于我们把它们变得更好。

斯金纳看出这一发现有着更宽泛的暗示,便将概念往前更推进了一步,暗示这一学习过程可应用到任何事情上,包括性和政治。他写过唯一一本小说,即《瓦尔登湖第二》,背景设定在第二次世界大战美国腹地的某个地方。它描述了一个有意识的乌托邦社会,这是对他动物研究的自然发展和社会延伸。在《瓦尔登湖第二》里,斯金纳强调,对自我控制的工程设计是实现这一理想的途径之一,尽管这是个高尚的设想,但考虑到我们大脑进化的当前状态,它恐怕有一些固有的局限性。

有趣的是，佛教心理学家在观察跟斯金纳相同的过程时，想出了一种解决方案。专注于自我，以及奖励式学习带来的主观偏差的发展（这是受苦过程的核心），他们或许不光识别出了这个过程的关键元素（渴望和反应），甚至还找出了一条简单的解决之道：关注我们行为的感知奖励。更清楚地看到行动的结果，帮助我们削弱自己的主观偏差，而这一重新定位自然会让我们走出不健康的习惯，从压力转到一种不依赖于获得什么东西的快乐。完成这一调整，可以释放出汹涌的能量，而且，还可以把这些能量引导到各种能改善我们生活的地方，比如减少分心，更充分地投入世界，找到更大的幸福，甚至体验到心流。如果上述设想里有任何一点能站住脚（越来越多的科学证据都在朝这个方向指），还存在些什么障碍呢？

疯狂的科学家

在《瓦尔登湖第二》里，斯金纳引用了若干事实，认为共识社区之外的世界已经在日常生活中部署了行为工程设计。广告牌又大又诱人；夜总会和其他类型的娱乐活动让人们兴奋不已，忙着掏钱看节目。他强调，通过恐惧、兴奋来控制群众的宣传和其他手法运用猖獗。当然，这些都是正面和负面强化的例子。如果特定手法能发挥作用，有更大可能会得到重复。比方说，看看最近的选举你就知道，政治家会在恐惧（行为）的平台上发动竞选攻势："这个国家不安全！我要让它安全！"受到伤害的想法促使选民支持此人。如果这一策略有效地让这个人获选（奖励），我们可以打赌，只要下一次竞选时有合适的支持条件（也即存在"可信"的威胁），就会有人使用类似的手法。

这类行为工程设计似乎很平庸，也没什么害处，部分原因在于它太过普遍，持续时间不长。毕竟，总统选举每4年才出现一次，以恐惧为基础的竞选活动也不新鲜。然而，来自对心理学和奖励式学习的科学认识上的进步，可以跟现代技术相结合，把斯金纳担心的局面，以前所未有的程度付诸实现。《瓦尔登湖第二》的重点之一，就是某些组织对整个社群进行科学实验，并相对快速地得出明确结果的能力。一家现代化的跨国公司，可能每天有数十亿用户使用其产品。该公司的工程师可以选择性地调整这样或那样的产品组件，在几天甚至几个小时（具体时间取决于实验里包含多少人）内得到确凿的结果。

社会科学家发现，积极和消极情绪可以从一个人转移到周围的其他人（这种现象被称为"情绪传染"）。如果一个心情明显愉快的人走进房间，其他人很可能也同样感觉愉快，就像情绪会传染似的。Facebook的亚当·克莱默（Adam Kramer）和康奈尔大学合作，想看看这种现象在数字互动（也即社交网络）里会不会也成立。[1]来自70万Facebook用户的新闻源数据受到操纵，研究人员改变了用户所看到情绪性内容的数量。当研究人员减少积极表达的帖子数量，用户也仿效了相同的模式：他们发布的积极帖子减少了。消极表达式则带来了混合效应：随着消极内容的帖子减少，用户发布的消极内容减少，发布的积极内容增多。这种"行为工程设计"一如 70 年前斯金纳所预料！

这项研究引起了争议，部分原因是担心（未）征求参与者的同意。目前还不清楚用户是不是点了"同意"Facebook 的使用条款，就自动"注册参与"了该研究。一般而言，应该告知参与者，他们正要做什么事情；如果实验的一部分包含了欺骗，必须由道德委员会认可欺骗的好处超过风险。有趣的是，该争议曝光的原因之一是，这项研究发表了。如果一家公司并不靠科学刊物来创造收入，它可以打着获取客户、增加收入的名义关着门做无限制的实验。

考虑到当前可用的技术，几乎任何规模的公司都可以进行所谓的 A/B 测试，这种测试操纵单一变量，观察它对结果的影响。样本越多，结果越明确。拥有可观客户群和资源的大公司可以相对迅速（而且多多少少是持续不断）地对我们的行为进行工程设计。

在斯金纳式技术能够被采用的每一个行业里，都出现了行为工程设计。干吗不呢？如果我们想要人们购买我们的东西，我们需要弄清是什么促使他们采取行动（他们的"痛点"）。另一个例子是食品工程设计。2013 年，媒体人迈克尔·莫斯（Michael Moss）在《纽约时报》杂志上发表了一篇关于食品行业的文章，名为《上瘾垃圾食物的非凡科学》。[2] 他介绍了种种操纵食品、使之色香味都表现完美的方式。通过食品工程设计，它可以激活我们的多巴胺系统，让我们哪怕不饿也会多吃。记住：这是整个进化故事开始的地方。我们必须吃才能生存。当令人垂涎的食物唾手可得时，我们学会了一碰到快乐、悲伤、焦虑、烦躁或者无聊的时候就吃个不停。很遗憾，在现实里，这种工程设计成了让我们不停地过度消费（不管奖励是食品、毒品、社交媒体，还是购物）的幕后推手。

我指出了当代生活里这种无所不在的特点，并不是为了吓唬人。它们已经是例行的长期做法，随着市场的扩大、随着我们在全球范围内联系越来越紧密而越发活跃。除此之外，正如斯金纳所指出，恐惧也可以用来操纵人。身为精神科医生、朋友、丈夫、老师和兄弟，我看到过大量触及我自身痛点的受苦——自己受苦，看到他人受苦，同样难受。因为感受到了这种痛苦，我产生了想要做一些事情帮助他们的动机。于是，我借助自己所了解的受苦成因，教育他们，让他们能够自行开发工具减轻痛苦——为自己，也为他人。

打不过，就加入

杰夫·沃克（Jeff Walker）是一位说话轻言细语的高个儿老派绅士。我的一位朋友把他介绍给我，是因为他想看看我实验室的实时磁共振成像神经反馈是怎么回事。沃克 2007 年就从私募股权行业早早退了休，把越来越多的时间用在帮助非营利机构筹资上。他发现，跟非营利部门的董事会和领导者合作颇有奖励感,甚至还写了一本名叫《慷慨网络》(*The Generosity Network*)的书。

考虑到我们有许多共同的兴趣(包括音乐和冥想),我答应杰夫到我们的磁共振成像机器里去"转一圈"。等他钻进扫描仪,我们让他一边尝试不同的冥想技巧、音乐即兴表演,一边看着自己后扣带皮层的活动起起伏伏。大约一个半小时后,他对自己看到的情形一脸满意的样子,从机器里爬出来带我去吃午餐。等餐点上了桌,他对我说,他得去开一家公司。他在餐巾纸上勾勾画画:"这些工具必须得进入世界才行。"他啃着三明治说。

我几乎从没想过要创办公司。我是个科学家(现在仍然是),我就读研究生院是为了寻找真相,理解世界怎样运作。我有点焦虑,但杰夫说服了我,办公司是帮助别人,是把我们的研究工作带到象牙塔外面的好办法。在一些志同道合的天使投资人的支持下,我们成立了公司,专注于社会变革而非投资回报。我们最初给公司起名为"蓝色实验室",因为耶鲁的颜色就是蓝色和白色;而且,要是人的后扣带皮层失活,神经反馈图的显示也是蓝色的。后来,我们改成了"清思科学"(Claritas MindSciences),因为"Claritas"是拉丁语里"清晰"或"明亮"的意思,我们的想法是:只要看清楚,就能克服上瘾行为。

这家初创公司的目的是为了向公众介绍我们在实验室里了解到的奖励式学习,教人们用指南针重新定位,克服消费主义思潮。或许,我们可以根据一些新手(第 4 章)接触到"放手"的经历,开发出相应的设备和训练项目,帮助人们有意识地做到这一点。我们真诚地相信,有鉴于今日世界"上瘾崛起"、并为方方面面的条件所强化,该是时候把我实验室里所掌握的知识付诸运用了。

有些讽刺的是,凯西·卡罗尔(Kathy Carroll)和她在耶鲁的研究团队一直在研究怎样做才是最好的传播行为疗法,以便它们维持最大效力和功效。在史蒂夫·马蒂诺(Steve Martino)的领导下,凯西的团队最近发表了一篇论文指出,训练有素的治疗师哪怕知道治疗过程正在接受研究录音,仍然会把疗程的大量时间花在跟客户进行"非正式讨论"上。换句话说,就是闲聊。高达88%的人会把疗程的部分时间用来进行有关自己的讨论。[3] 姑且先不提大脑的"奖励",这种不必要的对话对患者并无帮助。了解到这一事实后,凯西开发了认知行为疗法的计算机实现方式,用录像和角色扮演来取代一对一咨询。结果显示,它对治疗药物滥用有效果。[4]

在卡罗尔的带领下,我们的初创公司将数字化治疗方式再往前推了一步。我们推断,如果人们的习惯是在特定环境下养成的(例如,学会在车里吸烟),或是已经对手机上瘾,或许我们可以运用驱使他们分心的同一种技术,帮助他们走出不健康的习惯模式,如抽烟、压力进食和其他上瘾行为。我们需要调动自己的固有能力,当抽烟、压力进食或其他强迫性行为遭到触发时,保持好奇的觉知。

为此，我们将正念训练手册做了数字化移植，以便通过智能手机（或网络）一点一点地传递给需要帮助的人。就像从前的一句广告标语里说的，"没错，我们有一款做这事儿的应用程序。"利用跟吸烟、压力进食相关的具体痛点，我们的最初两款程序（分别是《渴望戒烟》和《现在就吃》）提供每日训练，内容包括视频、动画，以及引导人们在很短的片段时间里进行正念训练的小练习（一般每天的训练量为5～10分钟）。我们把训练跟封闭线社区配对，只有使用该程序的用户才能加入，并鼓励他们彼此支持。我会时不时地给出练习技巧和建议。我们可以在临床试验中研究这些应用程序，了解它们的工作情况。

2013年5月，我们的初创公司启动大约一年后，我来到华盛顿特区。我在约翰霍普金斯大学做了几天的冥想研究咨询，并为TEDx拍摄了一段有关正念的演讲。我和俄亥俄州的议员蒂姆·瑞安（Tim Ryan）约好见面。这之前的一年，蒂姆和我在冥想科学研究会举办的一次聚会上见过。他几年前第一次参加了冥想静修之后，对此赞不绝口。他甚至走了点后门，去参加乔恩·卡巴金门票已售罄的静修活动，还每天都冥想。他认为正念说不定有助于缓解国会里的党派偏见，在众议院每周主持冥想小组，2012年还出版了一本书，名叫《正念国度：这一简单的实践能帮助我们减少压力、改进绩效、重建美国精神》(*A Mindful Nation: How a Simple Practice Can Help Us Reduce Stress, Improve Performance, and Recapture the American Spirit*)。

蒂姆在办公室单刀直入地请求了解最新的正念研究情况。他是真的想要理解这件事背后的事实和科学后再做决定，这给我留下了深刻的印象。讨论过程中，我提到我们近来有关正念和戒烟的发现，以及我们最近开发了一款应用程序来提供数字化训练。我用手机向他展示程序的功能，他跳了起来，给自己的一名年轻员工打电话："嗨，迈克尔，快来！"

迈克尔一走进房间，蒂姆就问："你有抽烟的习惯，对吧？"迈克尔有点羞怯地说是。"我不是要你非戒不可，但你来试试这款程序，如果它给你带来了什么好处，告诉我。"蒂姆说。迈克尔点点头，离开了房间。

那天下午，我搭乘火车前往北部，路上给迈克尔发了一封电子邮件："感谢您志愿（或者说，受瑞安议员的介绍）帮我们测试这款《渴望戒烟》程序。"接着，我向他介绍一些怎样开始的细节。两天后，他开始了这一程序。接下来的一周，他写电子邮件告诉我自己的进度，并在信件结尾这样说："再次感谢您给了我这个机会，我本来没打算戒烟的，但现在，我用着这款程序，我想现在就是个戒烟的好时机。"一个月后，我又收到了迈克尔发来的跟进电邮："我带着怀疑开始使用这款程序，但几乎立刻就看到了它的好处。我以前每天抽10支香烟，要是离开家时没带上一包烟和打火机，我简直害怕死了。21天之后，我就能彻底不抽烟了。没有《渴望戒烟》，我根本不可能做到。"读到这里，我激动得流下眼泪。妻子问我怎么了，我结结巴巴地说:"它可能真的有效。"

一年之后,安德森·库珀(Anderson Cooper)到访我设在正念中心的实验室,为CBS的《60分钟》节目录制一段故事。他刚刚采访完国会议员瑞安。我向节目的制片人丹尼斯打听迈克尔的情况。哈,丹尼斯还记得他,还说迈克尔至今都没有复发烟瘾。

《渴望戒烟》现正进行临床试验,跟我实验室里设立的活动对照条件进行比较,还跟美国国家癌症研究所开发的戒烟应用程序做对比。我们还将它公之于众,好从世界各地的吸烟者那里获得效果反馈,从而不断对程序加以改进。我们又推出了一项相关程序,帮助个人克服压力和情绪进食:《现在就吃》(*Eat Right Now*,是的,就在此刻,正确地吃)。这些程序(尤其是它们的在线社区)的良好特点之一是,我们的用户,除了彼此支持,还为这些实践构建了众包知识库。每当有人写下自己的进度日志,或是我回答了一个问题,都会补充到项目当中。未来的用户将能够从这些积累起来的知识和经验中受益,这是"爱心预支"的一个切实例子。

我们正着手研究数字化训练正念的其他工具。我们知道奖励式学习通过反馈(奖励)能最好地运作,"清思"和我的实验室紧密合作,开发不需要使用数百万美元磁共振成像仪的神经反馈工具。帕拉桑塔(我在第3章介绍过的物理学家)、雷姆克·路德维尔德(Remko van Lutterveld,实验室里的高级博士后研究员)和我们团队的其他成员正在开发一种脑电图设备，几乎能实现与磁共振成像神经反馈同样的功能，记录后扣带皮层与沉浸于个人体验、松手释放相关的变化。不管信号是增加还是减少，最好的反馈类型，就是那些我们能有所学的反馈。在前期测试中，我们发现，我们的设备能以同等方式提供有关个人体验的信息，有助于了解两类体验的感觉分别是怎样的。这样一来，就能帮人放弃前一种让信号增加的行为，支持后一种让信号减少的行为。

最终，我们的目标是将神经反馈和训练程序结合起来，让上瘾的人们获得既标准化又个性化的循证训练，提供正念工具和必要的反馈，确保工具得到恰当使用。

在一个朝着短期奖励漩涡越游越近、让我们越发渴望更多东西的世界里，这一类的工具，能不能靠着接通相同的强化过程，带给人们一个找到知足（不管是食物、金钱、威望还是权力，拥有多少好东西算足够）的机会呢？通过这样的发现之旅，他们可能会找到更持久、更满足的奖励。通过学习正念，人们可以学到在生活过程中秉持更强的觉知和关怀，对是否参与各种行为做更有意识的决定，而不是无意识地按下让多巴胺喷涌的杠杆。他们可能会找到一种更幸福更健康的生活，告别从前充满浅薄兴奋的生活。

APPENDIX

附录
你的正念人格类型是怎样的

在第 3 章，我们讨论了与奖励式学习相关的极端人格障碍。通过这种方式，我们可以从更宽泛的意义上更好地了解人格是怎样确立的。贯穿本书，我们探讨了一些具体的例子，也即重复的行为怎样变成了习惯，甚至让人上瘾。

如果这些极端的行为可以通过联想式学习得到强化，日常的普通行为会怎么样呢？我们大部分的行为是否可以归结为"接近和避免"（也即接近我们认为有吸引力或愉快的东西，避免那些让人厌恶或不快的东西）呢？这到底能不能解释我们的（非病态）人格呢？

我们的研究团队最近发现，成书于公元 5 世纪的佛教"冥想手册"《清净道论》（*Path of Purification*）认为，相当多（甚至有可能是所有）的人格特质都可划归到以下 3 种类型：忠诚/贪婪，挑剔/厌恶，思考/轻信。[1] 该手册描述了一些日常特点（人吃什么类型的食物，人怎样走路或着装），以此判断或衡量某人整体上属于哪种类型：

> 通过姿势、动作，靠吃、看等，
> 通过状态的出现类型，可识别出脾性。

例如，走进聚会的时候，忠诚/贪婪型的人可能会环顾四周，赞叹端上来的美妙食物，兴奋地开始跟看到的朋友打招呼。相比之下，挑剔 / 厌恶型的人可能会注意到家具不太搭调，并在夜里稍晚些的时候，跟某人就自己陈述的准确性展开争执。思考 / 轻信型的人更可能随大流。

这本手册的作者为什么要编撰这样的分类法呢？因为他们想为尝试学习冥想的人提供个性化的建议。以我们今天的认识，这本手册或许算得上是个性化医疗（把治疗方法跟个人的表现相匹配）的第一批指南了。

我们的研究小组最近将这种分类方式向前推进了一步：我们发现，行为倾向符合当代的联想式学习机制，也即接近、避免、凝固。我们招来大约900名志愿者，测试了43个问题。从他们的数据中，我们开发并验证了任何人都适用的《行为倾向问卷》，一共有13道题，任何人都能试试看。[2] 如今，我们把《行为倾向问卷》视为预测、个性化正念及生活实践的工具来研究。

更清楚地看到并理解自己在日常生活中的倾向，我们能从自己，以及自己对内外世界的习惯性反应中学到更多。我们可以了解到家人、朋友和同事的人格类型，让我们更和谐地在一起工作和生活。例如，忠诚 / 贪婪占主导的人，可能擅长从事营销或销售类工作。对挑剔 / 厌恶型的人，可以把需要高度精确、关注细节的项目交托给他。在头脑风暴会议期间，思考 / 轻信型的人说不定能提出最具创意的想法。

我们把问题列在下面，方便读者们了解自己所属的类别。计算分数有点麻烦——为了获得准确的百分比，你可以到正念中心（UMass Center for Mindfulness）的网站上做这套问卷。

行为倾向问卷（简短版）

按照与自己日常行为最一致的方式（不是你认为自己应该怎么做，也不是你在具体情况下会怎么做），将选项进行排序。你应该首先给出自己的第一反应，不要过多地考虑问题。对跟你最符合的答案，你写一个1，第二选择给2，3代表跟你最不符合的答案。

1. 如果我要安排一场聚会……

    ____a）我希望它热闹非凡，来很多人

    ____b）我只想要某些人来

    ____c）等到最后关头再说吧，随意

2. 到该打扫我的房间时，我……

    ____a）把东西弄得看起来就很棒，我会感到自豪

    ____b）立刻注意到问题、缺陷或不整齐的地方

    ____c）很少留意到，不会为杂乱困扰

3. 我更喜欢让自己的生活空间变得……

    ____a）美

    ____b）井井有条

    ____c）乱中有创意

4. 在工作时，我喜欢……

    ____a）充满激情和活力

    ____b）保证一切准确

    ____c）考虑未来的可能性 / 琢磨最佳的前进道路

5. 跟其他人交谈时，我可能会表现得……

　　____a) 情意深重

　　____b) 现实

　　____c) 哲学

6. 我着装风格的缺点是它可能有点……

　　____a) 颓废

　　____b) 缺乏想象力

　　____c) 不搭调或不协调

7. 一般来说，我的举止……

　　____a) 愉快

　　____b) 尖刻

　　____c) 漫无目的

8. 我的房间……

　　____a) 装饰丰富多彩

　　____b) 整整齐齐

　　____c) 一团乱

9. 一般来说，我往往……

　　____a) 对事物有着强烈的渴望

　　____b) 吹毛求疵，但思路清晰

　　____c) 活在自己的世界里

10. 在学校，我为人所知的地方大概会是……

　　____a) 朋友众多

　　____b) 脑瓜子好使

　　____c) 爱做白日梦

11. 我的着装方式大多是……

　　____a）时尚，有魅力

　　____b）整洁有序

　　____c）满不在乎

12. 我留给人的印象是……

　　____a）重感情

　　____b）考虑周到

　　____c）心不在焉

13. 碰到别人对某件事情充满热情，我……

　　____a）热情回应，想加入进去

　　____b）可能会对此持怀疑态度

　　____c）突然跑题

现在将每个类别（A、B、C）对应的数字相加，得到每个类别的原始分数。最低的分数等于你最大的倾向。A=忠诚/贪婪，B=挑剔/厌恶，C=思考/轻信。

以下是这些类别的一般概括：

A. 忠诚/贪婪：你倾向于乐观，重感情，甚至可能很受欢迎。你在日常工作中沉着冷静，思考敏捷。你很可能受到感官享受的吸引。你坚信自己认定的东西，而你充满激情的天性，让你受到其他人的欢迎。你的身体姿势充满自信。有时，你或许会对成功充满贪婪之心。你渴望愉快的体验、良好的公司、丰富的食物，想要变得自豪。你对肤浅事物的渴望，有时会让你心怀不满，甚至令得你操纵他人。

B. 挑剔／厌恶：你倾向于思路清晰，为人挑剔。你的智力令得你能从逻辑上看待事物，找出它们的缺陷。你能很快理解概念，往往能迅速做完事情，同时让一切井井有条，整整齐齐。你注意细节。你的身体姿态可能有些僵硬。有时，你喜欢评判他人。你可能会注意到你对某些人、地点或事物的强烈不满。闹心的时候，你会变得脾气暴躁，过分追求完美。

C. 思考／轻信：你为人好相处，善包容和宽容。你能够思考未来，揣度会发生的事情。你对事情深思熟虑。你的身体姿态可能是不平衡的，多变的。有时，你或许会沉浸在自己的想法或幻想里。如果你做起了白日梦时，你有时会变得怀疑，爱担心。由于迷失在沉思里，你发现自己顺从他人的建议，甚至可能容易被说服。碰到最糟糕的情况，你混乱、不安，又心不在焉。

参考文献

导言

1. E. L. Thorndike, "Animal Intelligence: An Experimental Study of the Associative Processes in Animals," *Psychological Monographs: General and Applied* 2, no. 4 (1898): 1–8.

2. B. F. Skinner, *The Behavior of Organisms: An Experimental Analysis* (New York: Appleton-Century, 1938).

3. J. Kabat-Zinn, *Full Catastrophe Living: Using the Wisdom of Your Body and Mind to Face Stress, Pain, and Illness*, rev. ed. (New York: Delacorte, 2013), xxxv.

4. S. Batchelor, *After Buddhism: Rethinking the Dharma for a Secular Age* (New Haven, Conn.: Yale University Press, 2015), 64.

5. Ibid., 23.

第 1 章

1. L. T. Kozlowski et al., "Comparing Tobacco Cigarette Dependence with Other Drug Dependencies: Greater or Equal 'Difficulty Quitting' and 'Urges to Use' but Less 'Pleasure' from Cigarettes," *JAMA* 261, no. 6 (1989): 898–901.

2. J. A. Brewer et al., "Mindfulness Training and Stress Reactivity in Substance Abuse: Results from a Randomized, Controlled Stage I Pilot Study," *Substance Abuse* 30, no. 4 (2009): 306–17.

3. J. D. Teasdale et al., "Prevention of Relapse/Recurrence in Major Depression by Mindfulness-Based Cognitive Therapy," *Journal of Consulting and Clinical Psychology* 68, no. 4 (2000): 615–23; J. Kabat-Zinn, L. Lipworth, and R. Burney, "The Clinical Use of Mindfulness Meditation for the Self-Regulation of Chronic Pain," *Journal of Behavioral Medicine* 8, no. 2 (1985): 163–90; J. Kabat-Zinn et al., "Effectiveness of a Meditation-Based Stress Reduction Program in the Treatment of Anxiety Disorders," *American Journal of Psychiatry* 149, no. 7 (1992): 936–43.

4. J. A. Brewer et al., "Mindfulness Training for Smoking Cessation: Results from a Randomized Controlled Trial," *Drug and Alcohol Dependence* 119, nos. 1–2 (2011): 72–80.

5. H. M. Elwafi et al., "Mindfulness Training for Smoking Cessation: Moderation of the Relationship between Craving and Cigarette Use," *Drug and Alcohol Dependence* 130, nos. 1–3 (2013): 222–29.

6. G. DeGraff, *Mind like Fire Unbound: An Image in the Early Buddhist Discourses*, 4th ed. (Valley Center, Calif.: Metta Forest Monastery, 1993).

7. B. Thanissaro, trans., *Dhammacakkappavattana Sutta: Setting the Wheel of Dhamma in Motion* (1993); available from Access to Insight: Readings in Theravada Buddhism, www.accesstoinsight.org/tipitaka/sn/sn56/sn56.011.than.html.

8. J. A. Brewer, H. M. Elwafi, and J. H. Davis, "Craving to Quit: Psychological Models and Neurobiological Mechanisms of Mindfulness Training as Treatment for Addictions," *Psychology of Addictive Behaviors* 27, no. 2 (2013): 366–79.

第 2 章

The chapter epigraph is from Nassim Nicholas Taleb, quoted in Olivier Goetgeluck's blog, https://oliviergoetgeluck.wordpress.com/the-bed-of-procrustes-nassim-nicholas-taleb.

1. C. Duhigg, *The Power of Habit: Why We Do What We Do in Life and Business* (New York: Random House, 2012); R. Hawkins et al., "A Cellular Mechanism of Classical Conditioning in *Aplysia*: Activity-Dependent Amplification of Presynaptic Facilitation." *Science* 219, no. 4583 (1983): 400–405.

2. B. F. Skinner, *Science and Human Behavior* (New York: Free Press, 1953), 73.

3. D. I. Tamir and J. P. Mitchell, "Disclosing Information about the Self Is Intrinsically Rewarding." *Proceedings of the National Academy of Sciences* 109, no. 21 (2012): 8038–43.

4. D. Meshi, C. Morawetz, and H. R. Heekeren, "Nucleus Accumbens Response to Gains in Reputation for the Self Relative to Gains for Others Predicts Social Media Use," *Frontiers in Human Neuroscience* 7 (2013).

5. L. E. Sherman et al., "The Power of the Like in Adolescence: Effects of Peer Influence on Neural and Behavioral Responses to Social Media," *Psychological Science* 27, no. 7 (2016): 1027–35.

6. R. J. Lee-Won, L. Herzog, and S. G. Park, "Hooked on Facebook: The Role of Social Anxiety and Need for Social Assurance in Problematic Use of Facebook," *Cyberpsychology, Behavior, and Social Networking* 18, no. 10 (2015): 567–74.

7. Z. W. Lee, C. M. Cheung, and D. R. Thadani, "An Investigation into the Problematic Use of Facebook," paper presented at the 45th Hawaii International Conference on System Science, 2012.

8. M. L. N. Steers, R. E. Wickham, and L. K. Acitelli, "Seeing Everyone Else's Highlight Reels: How Facebook Usage Is Linked to Depressive Symptoms," *Journal of Social and Clinical Psychology* 33, no. 8 (2014): 701–31.

9. U Pandita, *In This Very Life: The Liberation Teachings of the Buddha* (Somerville, Mass.: Wisdom Publications, 1992), 162.

第 3 章

The chapter epigraph is from Alan Watts, *This Is It, and Other Essays on Zen and Spiritual Experience* (New York: Vintage, 1973), 70.

1. J. A. Brewer et al., "Meditation Experience Is Associated with Differences in Default Mode Network Activity and Connectivity," *Proceedings of the National Academy of Sciences* 108, no. 50 (2011): 20254–59.

2. M. R. Leary, *The Curse of the Self: Self-Awareness, Egotism, and the Quality of Human Life* (Oxford: Oxford University Press, 2004), 18.

3. Watts, "This Is It," in *This Is It*, 70.

4. W. Schultz, "Behavioral Theories and the Neurophysiology of Reward," *Annual Review of Psychology* 57 (2006): 87–115.

5. W. J. Livesley, K. L. Jang, and P. A. Vernon, "Phenotypic and Genetic Structure of Traits Delineating Personality Disorder," *Archives of General Psychiatry* 55, no. 10 (1998): 941–48.

6. S. N. Ogata et al., "Childhood Sexual and Physical Abuse in Adult Patients with Borderline Personality Disorder," *American Journal of Psychiatry* 147, no. 8 (1990): 1008–13.

7. S. K. Fineberg et al., "A Computational Account of Borderline Personality Disorder: Impaired Predictive Learning about Self and Others through Bodily Simulation," *Frontiers in Psychiatry* 5 (2014): 111.

第 4 章

The epigraph from Cornel West is taken from his *New York Times* editorial "Dr. King Weeps from His Grave," August 25, 2011, www.nytimes.com/2011/08/26/opinion/martin-luther-king-jr-would-want-a-revolution-not-a-memorial.html?_r=0. The epigraph from Sherry Turkle comes from an interview in the *Economic Times,* July 8, 2011, http://articles.economictimes.indiatimes.com/2011-07-08/news/29751810_1_social-networking-sherry-turkle-facebook/2.

1. B. Worthen, "The Perils of Texting while Parenting," *Wall Street Journal,* September 29, 2012, www.wsj.com/articles/SB10000872396390444772404577589683644202996.

2. C. Palsson, "That Smarts! Smartphones and Child Injuries," working paper, Department of Economics, Yale University, 2014.

3. J. L. Nasar and D. Troyer, "Pedestrian Injuries due to Mobile Phone Use in Public Places," *Accident Analysis and Prevention* 57 (2013): 91–95.

4. M. Horn, "Walking while Texting Can Be Deadly, Study Shows," *USA Today*, March 8, 2016, www.usatoday.com/story/news/2016/03/08/pedestrian-fatalities-surge-10-percent/81483294.

5. M. A. Killingsworth and D. T. Gilbert, "A Wandering Mind Is an Unhappy Mind," *Science* 330, no. 6006 (2010): 932.

6. J. A. Brewer, K. A. Garrison, and S. Whitfield-Gabrieli, "What about the 'Self' Is Processed in the Posterior Cingulate Cortex?," *Frontiers in Human Neuroscience 7* (2013).

7. K. N. Ochsner and J. J. Gross, "The Cognitive Control of Emotion," *Trends in Cognitive Sciences* 9, no. 5 (2005): 242–49.

8. A. F. Arnsten, "Stress Signalling Pathways that Impair Prefrontal Cortex Structure and Function," *Nature Reviews Neuroscience* 10, no. 6 (2009): 410–22.

9. W. Hofmann et al., "Everyday Temptations: An Experience Sampling Study of Desire, Conflict, and Self-Control," *Journal of Personality and Social Psychology* 102, no. 6 (2011): 1318–35.

第 5 章

The chapter epigraph comes from a compilation of Eckhart Tolle's observations on thinking, posted on YouTube: https://www.youtube.com/watch?v=YtKciyNpEs8.

1. In teaching hospitals, this has traditionally been considered a rite of passage or a mild hazing ritual disguised as teaching. Typically, a professor or resident physician questions a medical student, in front of the entire team of doctors and students, about her or his knowledge of a diagnosis or something else relevant to a patient that they have just seen on rounds. In theory, this questioning is aimed at testing (and disseminating) knowledge, though because the likelihood that the student knows as much as the professor is close to zero, it most often is stressful for the student, and ends in humiliation. In medical school, my friends and I would share war stories when we met up in the library or lunch: "What did you get pimped on today? Oh man, ouch."

2. K. Spain, "T-P in Beijing: Lolo Jones' Hopes of Gold Medal Clipped by Fall," *New Orleans Times-Picayune*, August 19, 2008, http://blog.nola.com/tpsports/2008/08/lolo_jones_hopes_of_gold_medal.html.

3. S. Gregory, "Lolo's No Choke," *Time*, July 19, 2012, http://olympics.time.com/2012/07/19/lolo-jones-olympic-hurdler.

4. S. Nolen-Hoeksema, B. E. Wisco, and S. Lyubomirsky, "Rethinking Rumination," *Perspectives on Psychological Science* 3, no. 5 (2008): 400–424.

5. R. N. Davis and S. Nolen-Hoeksema, "Cognitive Inflexibility among Ruminators and Nonruminators," *Cognitive Therapy and Research* 24, no. 6 (2000): 699–711.

6. Y. Millgram et al., "Sad as a Matter of Choice? Emotion-Regulation Goals in Depression," *Psychological Science* 2015: 1–13.

7. M. F. Mason et al., "Wandering Minds: The Default Network and Stimulus-Independent Thought," *Science* 315, no. 5810 (2007): 393–95.

8. D. H. Weissman et al., "The Neural Bases of Momentary Lapses in Attention," *Nature Neuroscience* 9, no. 7 (2006): 971–78.

9. D. A. Gusnard et al., "Medial Prefrontal Cortex and Self-Referential Mental Activity: Relation to a Default Mode of Brain Function," *Proceedings of the National Academy of Sciences* 98, no. 7 (2001): 4259–264.

10. S. Whitfield-Gabrieli et al., "Associations and Dissociations between Default and Self-Reference Networks in the Human Brain," *NeuroImage* 55, no. 1 (2011): 225–32.

11. J. A. Brewer et al., "Meditation Experience Is Associated with Differences in Default Mode Network Activity and Connectivity," *Proceedings of the National Academy of Sciences* 108, no. 50 (2011): 20254–59.

第 6 章

1. A. Aron et al., "Reward, Motivation, and Emotion Systems Associated with Early-Stage Intense Romantic Love," *Journal of Neurophysiology* 94, no. 1 (2005): 327–37.

2. H. Fisher, "The Brain in Love," February 2008, TED, https://www.ted.com/talks/helen_fisher_studies_the_brain_in_love?language=en#t-159085. The poem begins at 2:51.

3. A. Bartels and S. Zeki, "The Neural Correlates of Maternal and Romantic Love," *NeuroImage* 21, no. 3 (2004): 1155–66.

4. K. A. Garrison et al., "BOLD Signal and Functional Connectivity Associated with Loving Kindness Meditation," *Brain and Behavior* 4, no. 3 (2014): 337–47.

第 7 章

The quotation from Einstein used as an epigraph is from a letter to Carl Seelig, March 11, 1952.

1. J. D. Ireland, trans., *Dvayatanupassana Sutta: The Noble One's Happiness* (1995), available from Access to Insight: Readings in Theravada Buddhism, www.accesstoinsight.org/tipitaka/kn/snp/snp.3.12.irel.html.

2. *Magandiya Sutta: To Magandiya (MN 75)*, in *The Middle Length Discourses of the Buddha: A Translation of the Majjhima Nikāya*, trans. B. Ñāṇamoli and B. Bodhi (Boston: Wisdom Publications, 1995).

3. B. Bodhi, ed., *In the Buddha's Words: An Anthology of Discourses from the Pali Canon* (Somerville, Mass.: Wisdom Publications, 2005), 192–93.

4. G. Harrison, *In the Lap of the Buddha* (Boston: Shambhala, 2013).

5. Bodhi, *In the Buddha's Words*.

6. *Magandiya Sutta*.

7. B. F. Skinner and J. Hayes, *Walden Two* (New York: Macmillan, 1976 [1948]).

8. Hafiz, "And Applaud," from the Penguin publication *I Heard God Laughing: Poems of Hope and Joy*, trans. Daniel Ladinsky (New York: Penguin, 2006), 5. Copyright © 1996 and 2006 by Daniel Ladinsky and used with his permission.

9. *Anapanasati Sutta: Mindfulness of Breathing (MN 118)*. 2010.

10. Equanimity can be operationally defined as a mental calmness, composure, and evenness of temper, especially in a difficult situation.

11. M. Oliver, "Sometimes," in *Red Bird: Poems* (Boston: Beacon, 2008), 35.

第8章

The epigraph is from William H. Herndon and Jesse William Weik, *Herndon's Lincoln: The True Story of a Great Life*, vol. 3, chap. 14.

1. J. Mahler, "Who Spewed That Abuse? Anonymous Yik Yak App Isn't Telling," *New York Times*, March 8, 2015.

2. B. Ñāṇamoli and B. Bodhi, trans., *The Middle Length Discourses of the Buddha: A Translation of the Majjhima Nikāya* (Boston: Wisdom Publications, 1995).

3. J. Davis, "Acting Wide Awake: Attention and the Ethics of Emotion" (PhD diss., City University of New York, 2014).

4. H. A. Chapman et al., "In Bad Taste: Evidence for the Oral Origins of Moral Disgust," *Science* 323, no. 5918 (2009): 1222–26.

5. U. Kirk, J. Downar, and P. R. Montague, "Interoception Drives Increased Rational Decision-Making in Meditators Playing the Ultimatum Game," *Frontiers in Neuroscience* 5 (2011).

6. A. G. Sanfey et al., "The Neural Basis of Economic Decision-Making in the Ultimatum Game," *Science* 300, no. 5626 (2003): 1755–58.

7. S. Batchelor, *After Buddhism: Rethinking the Dharma for a Secular Age* (New Haven, Conn.: Yale University Press, 2015), 242.

8. T. Bhikkhu, "No Strings Attached," in *Head and Heart Together: Essays on the Buddhist Path* (2010), 12.

第 9 章

1. M. Csíkszentmihályi, *Beyond Boredom and Anxiety: Experiencing Flow in Work and Play* (San Francisco: Jossey-Bass, 1975).
2. M. Csíkszentmihályi, "Go with the Flow," interview by J. Geirland, *Wired*, September 1996, www.wired.com/1996/09/czik.
3. J. Nakamura and M. Csíkszentmihályi, "Flow Theory and Research," in *The Oxford Handbook of Positive Psychology*, 2nd ed., ed. S. J. Lopez and C. R. Snyder, 195–206 (New York: Oxford University Press, 2009).
4. D. Potter, "Dean Potter: The Modern Day Adventure Samurai," interview by Jimmy Chin, *Jimmy Chin's Blog*, May 12, 2014. "BASE" is an acronym for "building, antenna, span, earth."
5. P. Jackson and H. Delehanty, *Eleven Rings: The Soul of Success* (New York: Penguin, 2013), 23.
6. Sujiva, "Five Jhana Factors of Concentration/Absorption," 2012, BuddhaNet, www.buddhanet.net/mettab3.htm.
7. M. Csíkszentmihályi, *Finding Flow: The Psychology of Engagement with Everyday Life* (New York: Basic Books, 1997), 129.
8. C. J. Limb and A. R. Braun, "Neural Substrates of Spontaneous Musical Performance: An fMRI Study of Jazz Improvisation," *PLoS One* 3, no. 2 (2008): e1679; S. Liu et al., "Neural Correlates of Lyrical Improvisation: An fMRI Study of Freestyle Rap," *Scientific Reports* 2 (2012): 834; G. F. Donnay et al., "Neural Substrates of Interactive Musical Improvisation: An fMRI Study of 'Trading Fours' in Jazz," *PLoS One* 9, no. 2 (2014): e88665.
9. T. S. Eliot, "Burnt Norton," in *Four Quartets*. In the United States: excerpts from "Burnt Norton" from *Four Quartets* by T. S. Eliot. Copyright 1936 by Houghton Mifflin Harcourt Publishing Company; Copyright © renewed 1964 by T. S. Eliot. Reprinted by permission of Houghton Mifflin Harcourt Publishing Company. All rights reserved. In the UK and the rest of the world: published by Faber and Faber Ltd., reprinted with permission.
10. M. Steinfeld and J. Brewer, "The Psychological Benefits from Reconceptualizing Music-Making as Mindfulness Practice," *Medical Problems of Performing Artists* 30, no. 2 (2015): 84–89.

11. S. Kotler, *The Rise of Superman: Decoding the Science of Ultimate Human Performance* (Boston: New Harvest, 2014), 57.

第 10 章

The chapter epigraph comes from Andrew Boyd, *Daily Afflictions: The Agony of Being Connected to Everything in the Universe* (New York: Norton, 2002), 89.

1. Lao Tzu, *Tao Te Ching,* trans. Stephen Mitchell (New York: Harper Perennial, 1992), chap. 59.

2. S. Del Canale et al., "The Relationship between Physician Empathy and Disease Complications: An Empirical Study of Primary Care Physicians and Their Diabetic Patients in Parma, Italy," *Academic Medicine* 87, no. 9 (2012): 1243–49; D. P. Rakel et al., "Practitioner Empathy and the Duration of the Common Cold," *Family Medicine* 41, no. 7 (2009): 494–501.

3. M. S. Krasner et al., "Association of an Educational Program in Mindful Communication with Burnout, Empathy, and Attitudes among Primary Care Physicians," *JAMA* 302, no. 12 (2009): 1284–93.

4. Krasner et al., "Educational Program in Mindful Communication."

5. The quotation was published in the *Bankers Magazine* in 1964 and has also been attributed to Will Rogers.

6. B. Thanissaro, trans., *Dhammacakkappavattana Sutta: Setting the Wheel of Dhamma in Motion* (1993); available from Access to Insight: Readings in Theravada Buddhism, www.accesstoinsight.org/tipitaka/sn/sn56/sn56.011.than.html.

7. S. Batchelor, *After Buddhism: Rethinking the Dharma for a Secular Age* (New Haven, Conn.: Yale University Press, 2015), 27; emphasis in the original.

8. Ibid., 125.

9. T. S. Eliot, "Little Gidding," in *Four Quartets*. In the United States: excerpts from "Little Gidding" from *Four Quartets* by T. S. Eliot. Copyright 1942 by T. S. Eliot; Copyright © renewed 1970 by Esme Valerie Eliot. Reprinted by permission of Houghton Mifflin Harcourt Publishing Company. All rights reserved. In the UK and the rest of the world: published by Faber and Faber Ltd., reprinted with permission.

后记

1. A. D. Kramer, J. E. Guillory, and J. T. Hancock, "Experimental Evidence of Massive-Scale Emotional Contagion through Social Networks," *Proceedings of the National Academy of Sciences* 111, no. 24 (2014): 8788–90.

2. M. Moss, "The Extraordinary Science of Addictive Junk Food," *New York Times Magazine,* February 20, 2013.

3. S. Martino et al., "Informal Discussions in Substance Abuse Treatment Sessions," *Journal of Substance Abuse Treatment* 36, no. 4 (2009): 366–75.

4. K. M. Carroll et al., "Computer-Assisted Delivery of Cognitive-Behavioral Therapy for Addiction: A Randomized Trial of CBT4CBT," *American Journal of Psychiatry* 165, no. 7 (2008): 881–88.

附录

1. A. Buddhaghosa, *The Path of Purification: Visuddhimagga* (Kandy, Sri Lanka: Buddhist Publication Society, 1991).

2. N. T. Van Dam et al., "Development and Validation of the Behavioral Tendencies Questionnaire," *PLoS One* 10, no. 11 (2015): e0140867.

正念冥想

《正念:此刻是一枝花》
作者:[美]乔恩·卡巴金 译者:王俊兰

本书是乔恩·卡巴金博士在科学研究多年后,对一般大众介绍如何在日常生活中运用正念,作为自我疗愈的方法和原则,深入浅出,真挚感人。本书对所有想重拾生命瞬息的人士、欲解除生活高压紧张的读者,皆深具参考价值。

《多舛的生命:正念疗愈帮你抚平压力、疼痛和创伤(原书第2版)》
作者:[美]乔恩·卡巴金 译者:童慧琦 高旭滨

本书是正念减压疗法创始人乔恩·卡巴金的经典著作。它详细阐述了八周正念减压课程的方方面面及其在健保、医学、心理学、神经科学等领域中的应用。正念既可以作为一种正式的心身练习,也可以作为一种觉醒的生活之道,让我们可以持续一生地学习、成长、疗愈和转化。

《穿越抑郁的正念之道》
作者:[美]马克·威廉姆斯 等 译者:童慧琦 张娜

正念认知疗法,融合了东方禅修冥想传统和现代认知疗法的精髓,不但简单易行,适合自助,而且其改善抑郁情绪的有效性也获得了科学证明。它不但是一种有效应对负面事件和情绪的全新方法,也会改变你看待眼前世界的方式,彻底焕新你的精神状态和生活面貌。

《十分钟冥想》
作者:[英]安迪·普迪科姆 译者:王俊兰 王彦又

比尔·盖茨的冥想入门书;《原则》作者瑞·达利欧推崇冥想;远读重洋孙思远、正念老师清流共同推荐;苹果、谷歌、英特尔均为员工提供冥想课程。

《五音静心:音乐正念帮你摆脱心理困扰》
作者:武麟

本书的音乐正念静心练习都是基于碎片化时间的练习,你可以随时随地进行。另外,本书特别附赠作者新近创作的"静心系列"专辑,以辅助读者进行静心练习。

更多>>> 《正念癌症康复》 作者:[美]琳达·卡尔森 迈克尔·斯佩卡

抑郁 & 焦虑

《拥抱你的抑郁情绪：自我疗愈的九大正念技巧（原书第2版）》

作者：[美] 柯克·D.斯特罗萨尔 帕特里夏·J.罗宾逊 译者：徐守森 宗焱 祝卓宏 等

美国行为和认知疗法协会推荐图书

两位作者均为拥有近30年抑郁康复工作经验的国际知名专家

《走出抑郁症：一个抑郁症患者的成功自救》

作者：王宇

本书从曾经的患者及现在的心理咨询师两个身份与角度撰写，希望能够给绝望中的你一点希望，给无助的你一点力量，能做到这一点是我最大的欣慰。

《抑郁症（原书第2版）》

作者：[美] 阿伦·贝克 布拉德A.奥尔福德 译者：杨芳 等

40多年前，阿伦·贝克这本开创性的《抑郁症》第一版问世，首次从临床、心理学、理论和实证研究、治疗等各个角度，全面而深刻地总结了抑郁症。时隔40多年后本书首度更新再版，除了保留第一版中仍然适用的各种理论，更增强了关于认知障碍和认知治疗的内容。

《重塑大脑回路：如何借助神经科学走出抑郁症》

作者：[美] 亚历克斯·科布 译者：周涛

神经科学家亚历克斯·科布在本书中通俗易懂地讲解了大脑如何导致抑郁症，并提供了大量简单有效的生活实用方法，帮助受到抑郁困扰的读者改善情绪，重新找回生活的美好和活力。本书基于新近的神经科学研究，提供了许多简单的技巧，你可以每天"重新连接"自己的大脑，创建一种更快乐、更健康的良性循环。

《重新认识焦虑：从新情绪科学到焦虑治疗新方法》

作者：[美] 约瑟夫·勒杜 译者：张晶 刘睿哲

焦虑到底从何而来？是否有更好的心理疗法来缓解焦虑？世界知名脑科学家约瑟夫·勒杜带我们重新认识焦虑情绪。诺贝尔奖得主坎德尔推荐，荣获美国心理学会威廉·詹姆斯图书奖。

更多>>>

《焦虑的智慧：担忧和侵入式思维如何帮助我们疗愈》 作者：[美] 谢丽尔·保罗
《丘吉尔的黑狗：抑郁症以及人类深层心理现象的分析》 作者：[英] 安东尼·斯托尔
《抑郁是因为我想太多吗：元认知疗法自助手册》 作者：[丹] 皮亚·卡列森